视听盛宴

——新媒体短视频制作全攻略

王真　张桥◎著

中国电力出版社
CHINA ELECTRIC POWER PRESS

内容提要

在当下的视觉传达时代，短视频以其独特优势和非凡魅力，有机地将社交化、移动化和碎片化三种时代传播特色集聚一身，燃爆整个传播领域，成为主流的网络应用。

如何拍摄一支出众的视频短片？灵活多样的构图技巧，丰富十足的光线造型，创意无限的色彩构成，震撼心扉的视听效果……不仅如此，从短视频拍摄的前期准备、中期拍摄，到后期推广和流量变现，从短视频的创作理论、海量经典实例，到实践操作，本书为你一一讲述。而你，带着这份专业的短视频学习实践教程，必将成为当下短视频制作领域的宠儿。

本书适合短视频、微电影爱好者，高校影视与制作专业的学生参考，也可供新媒体平台运营，微商、电商推广从业人员阅读参考。

图书在版编目（CIP）数据

视听盛宴：新媒体短视频制作全攻略 / 王真，张桥著. —北京：中国电力出版社，2019.11
ISBN 978-7-5198-3475-3

Ⅰ. ①视… Ⅱ. ①王… ②张… Ⅲ. ①视频制作 Ⅳ. ① TN948.4

中国版本图书馆 CIP 数据核字（2019）第 156440 号

出版发行：中国电力出版社
地　　址：北京市东城区北京站西街 19 号（邮政编码 100005）
网　　址：http://www.cepp.sgcc.com.cn
责任编辑：莫冰莹（010-63412526）
责任校对：黄蓓　王海南　王小鹏
版式设计：锋尚设计
责任印制：杨晓东

印　　刷：北京盛通印刷股份有限公司
版　　次：2019 年 11 月第一版
印　　次：2019 年 11 月北京第一次印刷
开　　本：710 毫米 ×1000 毫米　16 开本
印　　张：12
字　　数：203 千字
定　　价：89.00 元

前言
Preface

本书是带有专业普及性的短视频学习实践指导。短视频是指视频长度以秒计数，主要依托于移动智能终端实现快速拍摄和美化编辑，可在社交媒体平台上实时分享和无缝对接的一种新型视频形式。它融合了文字、语音和影像，可以更加直观、立体地满足用户的表达与沟通需求，以及展示与分享的诉求。

这是一个用影像发声的时代，拥有愈加优质的短视频制作技术、更为新颖的短视频艺术创意和丰富独特的短视频文化，这绝不仅仅是昙花一现。追溯到短视频的诞生，纵览短视频的飞速变化与发展，体会短视频独特的价值魅力，本书为你呈上短视频的饕餮盛宴。作为国内领先的短视频制作教程，本书侧重于短视频造型创作，集中了当今影视作品、短视频造型创作理论，并结合影视专业教学的实践成果，力求达到技术与艺术的高度融合。

本书包含了理论与实践的通融并行、案例与操作的细致讲解，是一部适合于不同层次人群学习、实践短视频的专业性教程，既是摄影爱好者、学习者对于影视摄影的必读入门书籍，也可作为从事数码影像工作的专业人员和影像制作爱好者自学研究的参考用书，更是国内高校影视摄影制作等相关影视专业课程的主导教材。最后，希望各位读者能从中获取新知，不断提高短视频创作水平，拍出更优秀的作品，为短视频领域增添青春的血液。

编者

2019 年 11 月

目录
Contents

CHAPTER 06

CHAPTER 07

CHAPTER 08

CHAPTER 09

CHAPTER 10

第一章 短视频概述

短视频融合了文字、语音和视频，可以更加直观、立体地满足用户的表达、沟通需求，满足人们之间展示与分享的诉求。在人人都是摄影师的多媒体时代，每个人都可以参与创作。

第一节　短视频发展概况

一、短视频概念

即便要追溯短视频最早的发展源头，也不过是从2000年以后开始的。这里所说的短视频绝不是1895年法国卢米埃尔兄弟制造出“活动电影机”，所公开放映摄制的短片，如《火车进站》《工厂大门》《水浇园丁》。这是受限于当时技术和条件所创作的作品，尽管影片只有很短时间，却是整个电影史的开端。它们与如今我们所提及的“短视频片”有着本质的区别，而又有着紧密的关联，这些短片从由于“技术限制的出现”演变成了应“当下互联网时代需求的存在”。

近年来随着我国融媒体大环境日益深入，在媒介融合背景之下，移动平台渐成主流，短视频自2013年在我国迅速发展。对于短视频这一概念的定义而言，学界并没有规范性明确的定义。我们所提到的“短视频”概念一般是相较于传统的、固定非移动的播放终端，视频时长较长等概念而来。在相关文献资料中，其中Social Beat（社会化商业网）对短视频的定义较为精炼：“短视频是一种视频长度以秒计数，主要依托于移动智能终端实现快速拍摄与美化编辑，可在社交媒体平台上实时分享和无缝对接的一种新型视频形式。”优酷网总裁古永锵这样描述短视频的定义：“短视频是指短则30秒，长则不超过20分钟，内容广泛，视频形态多样，涵盖小电影、纪录短片、DV短片、视频剪辑、广告片段等，可以通过多种视频终端摄录、上传互联网进而播放共享的视频短片的统称。‘短、快、精’，大众参与性，随时、随地、随意性是短视频的最大特点。”

综上而言，短视频相对于传统的长视频、电视电影等，有着以时间从几秒到几十分钟不等，制作便捷，“短、精、小”，时效性强，互动性高的优势。当然，如今随着短视频的迅猛竞争和发展，在保有短视频本质特点的“短、小”的同时，更将制作往精良的层面靠拢。

二、我国短视频发展概况

2005年2月14日，YouTube视频网站成立（官方网址：www.youtube.com），Logo见图1-1。同年4月23日，创始人之一贾德·卡林姆上传了YouTube第一部影片，一段只有19秒的片段。卡林姆在美国加州圣地亚哥动物园，指着大象说：“这些家伙有好长好长的，呃，鼻子。好酷。”自此，作为美国最大视频分享平台的YouTube，见证了

图1-1 YouTube Logo

图1-2《一个馒头引发的血案》短片截图

网络环境下短视频的发展开端。

2006年初，引起网络纷纭的视频短片《一个馒头引发的血案》(图1-2)，是网民胡戈根据电影《无极》和中国中央电视台“社会与法”频道栏目《中国法治报道》，以及上海马戏城表演的视频资料重新剪辑、重新配音而改编成的视频短片。无厘头的对白、滑稽的片段拼接组合、搞笑另类的广告穿插，撩拨起大众的兴奋点。这部视频短片被许多人认为是中国短视频的雏形。

从2005年到2007年，中国短视频行业呈现出焦急生长的新态势。国内视频分享网站呈现井喷式的增长，如土豆网、优酷网、乐视网、酷6网等大批视频分享网站如雨后春笋般展露，包括新浪等门户网站也纷纷开启了视频业务。据相关资料显示，2006年全国新增的视频网站就达到了180多家。

当然，经过十多年的发展，可以看到，从当初几百家的视频网站，到目前仅有优酷网、爱奇艺、腾讯视频、乐视视频等几家网站成为中国互联网视频行业的霸宠，见图1-3～图1-6。这是互联网市场物竞天择、优胜劣汰的结果。在发展初期，无数的视频分享网站在最开始抱着吃螃蟹的心态搏击一试，但同质化的运营、粗滥的内容、侵权盗版、行业规划混乱等，使得该领域几家欢喜几家愁。

图1-3 优酷视频网页截图

图1-4 腾讯视频网页截图

图1-5 爱奇艺网页截图

图1-6 乐视视频网页截图

如果说早期的短视频是从自娱自乐的发泄恶搞，草根DV粗糙创作中开始，那么我国真正意义上的第一部“微电影”则是2010年吴彦祖主演的凯迪拉克广告《一触即发》，见图1-7～图1-10。短片时长只有90秒，讲述了吴彦祖在一次高科技交易中遭遇敌手中途突袭，为了将新科技安然转送至安全地带，吴彦祖联手女主角Lisa施展调虎离山等计策，几经周折最终成功达成目标。但其完整的故事改编自微小说《一触即发》。宏大的场面、精良的制作、优质的明星，作为第一部大制作的网络微电影广告，使得这部短片成为我国短视频历史上的不可磨灭的标志。

图1-7《一触即发》视频截图

图1-8《一触即发》视频截图

图1-9《 一触即发 》视频截图

图1-10《 一触即发 》视频截图

也正是从2011年前后，中国的视频网站真正走向了体系化、正规化的道路。由于不断制作精良，“微电影”近些年也成为热词，成为短视频下最有影响的分类。与此同时，短视频在更广泛的空间上开始了良性发展。除了上述传统的视频网站平台之外，快手、抖音、梨视频等许多以娱乐生活、记录生活、视频新闻推送为主要功能的短视频App，成为许多人手机里不可或缺的软件，见图1-11、图1-12。

图1-12 梨视频App

图1-11 快手、抖音短视频App

经过十多年的发展，短视频种类繁多，内容丰富。不管是传统媒体平台、新媒体平台，还是自媒体平台，都倚借着短视频，进行着一场更高质量的没有硝烟的战争。

因此，作为一名与短视频有关的从业者，更应该具备影视策划、影视制作等相关知识。从前期的筹划，到具体的拍摄，以及最终的影片传播，都需要具备一定的专业知识和技能。只有用专业的态度对待看似简单的“短视频”，才可能在众多同类型作品中赢得最大的关注，脱颖而出。

第二节　短视频创作类型

借由科技的东风，众多的节目内容、纷繁的呈现形式令当下的短视频成为一个宽泛的总称。根据短视频的创作类型，将其分为微电影、短视频新闻、娱乐社交分享短片这三大类型。

一、微电影

微电影与短视频、微视频定义相仿，并没有明确的定义。大多数将其定义为微型电影，拥有“完整剧情”“微时长”“微制作周期”“微投资”特点的短片，能够通过新媒体平台传播，在移动状态和短时状态下观看。微电影包括了剧情故事短片、纪录短片、公益短片、音乐MV，以及现在流行的广告宣传。

探寻微电影能够发现如下特点：

- 由于微电影以“微”而区别于传统电影，因此内容上而言，微电影的叙事节奏大多十分紧凑。
- 微电影的题材相当广泛，从剧情故事到公益记录，从商业广告到音乐MV等，具有高度的自由化、个性化特征。
- 微电影基于互联网平台，互动性强。观众可以随时参与其中，进行评论，表达观点，形成立体的互动模式。
- 微电影的商业气质非凡。这也是微电影和其他类型短视频相比最大的特点。从前面所讲的《一触即发》开始，正是广告商的开发和运用，使得微电影开始火爆。广告的大投资，使短时间的视频与专业的制作团队、新鲜的创意、完整的故事情节、精炼的画面、惊艳的视觉效果融合。

因此，由广告开始，从拥有电影风格的剧情故事短片，到别有风味的记录公益短片，以及表达细腻情感的音乐MV，微电影的创作愈发精良，逐渐带动了整个短视频行业的制作水准，这也是走向专业的短视频创作者们应该学习的。

二、短视频新闻

短视频新闻是已然充斥在人们周围，却经常被忽略的一类短视频类型。随着人们的观看习惯的改变，以及短视频新闻的独特优势，新闻行业也在进行着巨大的调整。打开传统新闻媒体或是新新闻媒体软件、网站，不难发现，视频新闻不仅以视频本身的优势获得了巨大的青睐，同时凭借着优质的技术手段和VR等新媒体技术的运用更加强了其竞争优势。

以典型的梨视频新闻软件为例。在苹果App Store（应用商店）中对于“梨视频是什么?”，有着这样的回答:“梨视频是全球领先的专业新闻短视频平台，由深具媒体背景的专业团队和遍布全球的拍客共同创造，专注提供精彩的一手短视频报道。”借由全球520个城市的30000多名拍客的海量新闻素材上传，造就了“梨视频”新闻资讯内容的丰富性和及时性。真正实现了新闻短视频的全民参与性，同时拥有专业的人员对短视频质量进行把关和统一包装。

三、娱乐社交分享短片

娱乐社交分享短片最接近大众百姓的生活。以快手、抖音、微信小视频为代表的娱乐社交分享短片平台，拥有极大的随时、随地、随意性。

此类短片更强调记录生活、发表个人感受，具有高度的个人化、自由化的特征，并不需要像微电影和短视频新闻一样，需要一定的叙事完整性和内容限定，但也不乏内容、创意优秀的自媒体节目从中诞生。娱乐社交分享短片最大的意义是全民参与其中，带来的无限可能和精彩。

如果细分短视频，能够划分出很多的类型。但不管类别如何，优质的内容本身和精心的创意制作是所有短视频制胜的法宝，别无他法。

第三节　短视频艺术特征

短视频的发展一路高歌猛进，如若没有相对的独特性，必然会被时代所摒弃。不管是短视频之于传统视频，或是微电影之于传统电影，“短”始终是其最大的特征，也决定着它拥有着无可比拟的艺术魅力。

一、自由化表达与碎片化观看

对于短视频而言，创作者和观众都是在进行“自由化的表达”。基于“短”的特点，短视频的创作内容拥有高强度的自由创作空间。创作者从时间、题材、剧情上不受严格的限制。短时间的观看，更需要创新的、自由的、夺人眼球的表达方式。而这种自由化的表达与当下人们碎片化的观看习惯不谋而合，它们之间相互影响和作用。

当然，“短”并不意味着轻松，如何让观众的眼睛每一秒钟都紧跟视频？如何在短时间内安排好饱满、创新的故事线？如何在碎片化的时间内做到印象深刻、过目不忘？这是短视频给予创作者的挑战。

不同于传统的视频观看或影院观影，观看、暂停、结束，观众在当下互联网及新媒体的平台中，可以随时对所观看的短视频进行评论，这是观众的“自由化表达”。自由化的表达增加了短视频的丰富性，碎片化的观看增加了微电影的可观看性，这是传统视频及院线电影所不能比拟的独特的艺术特点。

二、正能量价值取向

随着短视频的火热，政府、社会相关组织进行了有力引导，短视频的比赛应运而生（参见本书第十章第三节的相关内容），几乎所有比赛都对短视频做了一定的内容限定，大多以青少年、大学生为对象，以青春、积极、正能量等为关键词进行引导。因此，如今的短视频创作随着创作者艺术水平、创作能力的提升而一反过去的粗俗、恶搞的形象。

三、商业化气质

除了以剧情故事、记录生活为主的短视频，更多精致优良、震撼视觉的短视频在广告圈里大展拳脚，跟随着短视频时代的风向标，广告商不惜花重金拍摄短视频进行广告宣传，而这些短视频绝不仅仅是传统印象中的单纯广告宣传。如前述的《一触即发》，更像是一个微电影广告，通过一条主线故事，将商品置于其中隐性宣传，不引起观众反感而达到商品宣传的目的，这是如今短视频创作者和广告商所青睐的方式。

第二章 短视频的选题与前期准备

不管是拍摄一部微电影，还是拍摄个人娱乐的小短片，想要制作一部精致优良、引人瞩目的短视频作品，一定要有巧妙新颖的构思和充足的前期准备。有时许多创作者往往会忽略短视频的选题与前期准备，这是不可取的。短视频的“小成本、小制作、短时间”的特点更需要将每一笔资金、每一份精力甚至是每一分钟都用在刀刃上。

第一节　短视频的选题与创意

一、选题的重要性

一个好的选题，是一个短片成功的开始，更是短片的灵魂，贯穿始终。

怎样才是一个好的短视频选题？这并不能一概而论，应该结合实际的拍摄创作意愿以及从创作者的创作风格入手，并不是以小见大的题材就绝对好，也并非高深宽泛的题材就一定不对。如果你拍摄的是一部剧情微电影，着眼细节、以微见广是创作者的不二之选；如果你拍摄的是一部实验短片，奇思妙想、大胆突破是创作者的“生命”；如果你拍摄的是一部风情广告，也许场面穿插、追求视效是创作者的目的……

由于短视频内容甚广，更具包容性。而且不论题材怎样，对于选题而言，最重要的就是针对自己拍摄的影片想清楚影片的“气质”，可以说一部短视频的选题等于这部短片的“气质”。通过确定的影片“气质”，寻找在其范围内的最佳角度、叙事线及呈现框架，从而确定选题。

选题的确定，代表着已经决定了影片“气质”的构想，更决定着这部影片“气质”的实现。换句话说，选题的确定决定了影片的画面风格。不同的短视频、不同的故事传达着不尽相同的情感，或是清新唯美的校园故事，或是自然细腻的生活记录，或是阳光积极的运动音乐，或是旧里泛黄的伤感回忆……凭借着不同“气质”的选题，再将其逐步实现，最终呈现在画面上与之相吻合的“气质”。

二、创意构思

一个好的选题与创意是一部短视频成功的基础。短视频不同于传统视频、影片，允许创作者默默地讲述一个长故事。而在短视频中，更多的倾向性放在了短片的创意构思上。碎片化的观看模式，更需要这种独特的创意构思，来使创作者所创作的短视频在传播中充分“生长”。

当然任何好的创意构思并不是凭空而来的，它可能隐藏在你细细观察生活的某个角落；可能是来自社会新闻里的风向标；可能来自你如痴如醉、潜移默化的某本小说和故事；更有甚者，是来自半梦半醒中迸发出的灵感……

如果这些客观的东西存在于每个人的日常生活里，那么更为重要的就是创意者的敏感、联想及想象，这些特点才使得绝妙创意被捕捉和放大，这才是诞生一个优质创意的根本所在。当这个创意构思真正成立时，就应该自己或者找信任的编剧开始将其成形。手中有一份优质的剧本后，就可以开始真正的拍摄。

第二节　团队组建与拍摄准备

短视频的拍摄是一个团队的力量。与传统视频，或电影的制作类似，当萌发或得到一个优质的选题内容，并决定变成一部微影像时，就需要着手开始组建影片的拍摄制作团队，同时进行拍摄前的准备。只有各个团队齐心协力、紧密合作，才可能取得影片拍摄的成功。

当确定了剧本后，可以根据具体的剧本，计算演员及场景数量，预估这个团队的成员数量。当然具体的成员数量即剧组规模需要根据资金、工作量、具体人员而决定。有时短视频制作经费有限，可能很多情况下剧组人员需要力所能及，身兼数职。一般而言，团队成员包括监制、导演组、制片组、摄影组、美术组、录音组、后期制作，更细化一些还有现场剪辑、场务组等。

一、监制

监制主要负责影片的整体摄制，是整部片子的艺术创作以及相关经费的总把控。监制往往更多的是作为“隐形”的核心角色，检查并监督影片质量的合格与否。在短视频的创作、大型的商业广告或追求高水准的微电影拍摄中，多有监制存在。

二、导演组

导演作为这部短片的组织者及领导者，统一协调剧组内所有的创作人员、技术人员和演员，让剧组成员不断磨合，达到最佳的合作状态。从共同选景、看景开始，共同制定拍摄方案，为他们分配具体工作，发挥他们各自的才能，共同完成短片的创作。

导演和编剧在拍摄前期根据实际的看景、置景状况，以及和各部门交流的心得进行一定的修整，以达到影片的最佳拍摄和表现。同时，导演还要负责选角以及和演员讲戏，导演要将自己的想法、思想、创意借由演员传达。导演组除了总导演外，副导演、执行导演等分工可以协助导演完成拍摄工作。

场记也在导演组中，场记在影片的摄制中起着重要的作用。场记将每个镜头在场记单中进行详细记录。由于拍摄往往并不是按照镜头顺序进行，这时场记需要清晰记录各个镜头的衔接，协助导演合理规划镜头，防止失误，同时为导演之后的补拍、后期剪辑制作、配音等提供准确的数据资料。

三、制片组

制片组的工作较为琐碎和繁杂，要求制片组成员一定要细心、耐心，要有较强的变通与沟通能力。在前期拍摄中，制片组需要进行商业合作洽谈等工作。同时制片组需要和导演组共同制定并安排拍摄计划，选择最优方案。制片组需要确保拍摄能够按照拍摄计划顺利进行，同时调动所有的剧组人员有效工作。当拍摄遇到困难时，能够在最短时间内选择最优解决办法更是考验一个优秀制片的能力。

制片组根据各个部门的需求进行推进，同时做好详细的日程安排、拍摄计划，尽可能做到最细致。在前期准备中尽全力做到准备充分，这样在中期拍摄时，才会更加顺利和得心应手。

四、摄影组

摄影组包括摄影师、灯光师、摄影助理、焦点员等。摄影组在拍摄前根据敲定的拍摄剧本，进行分镜头的设计，与导演探讨拍摄方案并绘制故事板。

摄影组在拍摄前应该列出详细的摄影器材清单和灯光器材清单，同时与制片组进行沟通。根据实际拍摄，最好能够细化到每一天或每一场的器材使用。摄影器材确定后，可以在拍摄前调试设备，保证拍摄顺利进行。

五、美术组

美术组包括场景、道具、美术和人物化妆。美术组同样需要与导演交流剧本，了解影片的风格“气质”。确定拍摄对象、拍摄环境后，设计各场景的布景或搭建方案，以及每个演员不同拍摄内容下的定妆。最后，根据确定的布景及化妆方案，美术组应该详细列出相应的道具、服装以及化妆用品清单。与制片组进行沟通后，根据最后达成一致的方案，制片组负责进行购买。

六、录音组

录音组需要和导演共同决定整部短片的音效、音乐内容。录音组在实地观完景后明确录音环境及条件，根据短片所需呈现的声音效果选择录音器材，与制片组进行沟通，确定录音器材设备。拍摄前，录音组需调试录音器材以保证短片的顺利拍摄。

七、后期制作

后期制作往往不参与现场的拍摄，因此短片完成后导演需要与后期剪辑、调色以及后期声音设计、短片作曲等工作者深入交流，包括最初构想、拍摄实际情况以及最终希望达到的效果等，导演会时时跟进把控后期工作。

以上就是一部精良的短片制作中团队组建的基本人员。每个部门、每个人在短片摄制中所扮演的角色都是独一无二、十分重要的。尽管导演是整个团队最重要的人，是这部短片的核心，但正是每个人的明确分工与付出，才得以将选题与创意一点点实现。

第三节　摄影器材的选择

古人说：“工欲善其事，必先利其器。”拜科技发展所赐，种类各异的摄影机，为拍摄短视频提供了更广泛的选择空间。创作者可以根据短片的拍摄内容、拍摄成本及播放平台，选择最适合自己的摄影器材。

一、高清数字电影摄影机

价格不菲的高清数字电影摄影机是专业级的设备，许多大型广告的拍摄、追求顶级画质的微电影，都会选择高清数字电影摄影机拍摄。因其出众的分辨率、色彩呈现、解析力，加上搭载电影镜头，在画面上能够达到最佳水准4K甚至8K的拍摄，同时RAW的输出格式为影视制作提供了极大的便利。常见的高端品牌有ARRI、Red、Panavision等，以及相对大众化的索尼、佳能系列的数字摄影机，参见图2-1～图2-5。

图2-1 ARRI ALEXA Mini数字摄影机

图2-2 ARRI ALEXA SXT数字摄影机

图2-3 Red产品

图2-4 索尼PXW-FS7手持式摄录一体机

图2-5 佳能EOS C700数字摄影机

二、数字照相机

单镜头反光相机，简称单反，参见图2-6。

作为短视频拍摄的主流摄影器材，单反拥有上述的电影摄影机许多无法媲美的优势，由于单反相机体积小、便于携带等特点和优势，同时单反的拍摄可以满足电视及网络节目的播出，特别针对短视频常用的播放平台，许多初学者以及专业的拍摄团队都会考虑使用单反进行拍摄。

微单，即无反光镜可换镜头相机，参见图2-7。微单拥有和数字单反相机接近的感光

图2-6 单镜头反光相机

图2-7 微单相机

元件，可更换镜头。微单省去的反光镜结构，使其在照片质量上不输于数码单反但又拥有更佳的便携性。在不断发展的技术支持下，一部分微单已经可以通过镜头转接环完美使用同品牌单反镜头。微单更小的体积，更高质量的画质，将单反的优势更进了一步。

三、手机拍摄

手机摄影入手快、门槛低、携带轻便、操作简单的特性能够逐渐满足电影摄影中类似于横构图、具备景深关系、4k的画幅比例、1080p视频格式的分辨率等基本拍摄需求，手机摄影镜头所呈现出的画面电影感越来越强，使得手机在短视频拍摄中应用更为广泛。

如今这个“人人都是摄影师的时代”，很大程度上，是智能手机带来的。从具有拍照功能到具有摄影功能，再到智能手机在摄影上的不断突破，手机成为人们的日常拍摄工具，甚至创作工具。

2018年2月1日，陈可辛导演使用Iphone X拍摄的贺岁短片《三分钟》（见图2-8～图2-11）引起了广泛关注，其中感人的故事、共鸣的抒情、精良的拍摄共同作用，使其成为一部佳作。

图2-8《三分钟》视频截图（一）

图2-9《三分钟》视频截图（二）

图2-10《三分钟》现场拍摄花絮（一）

图2-11《三分钟》现场拍摄花絮（二）

四、无人机摄影

随着微电子和信息化等技术不断地发展，无人机的智能化水平迅速提升。在航空摄影领域，通过人工智能遥控无人机，可代替摄影师升空完成航空摄影任务。无人机摄影以操作简便、造价低廉、机动灵活、稳定安全等特点，为短视频的拍摄带来了更丰富的选择空间和创作角度，如图2-12所示。

图2-12 大疆无人机“御”Mavic 2

使用无人机不仅能够到达摄影师以往无法拍摄到的地点，也让摄影师拥有了无数影片或叙事、或抒情的"上帝视角"——当人们突破地平线，摆脱万有引力，俯瞰大地和众生，拍摄下颠覆常规审美习惯的动人影像。

在手机拍摄的短视频《三分钟》中，同样使用了无人机拍摄（图2-13、图2-14）。借由无人机，表现了入山洞的火车，阳光洒下的铁路线，不仅作为影片叙事的环境展现，在很大程度上丰富了影片的空间、视角，从而调和影片的节奏。

图2-13《三分钟》无人机摄影视频截图（一）

图2-14《三分钟》无人机摄影视频截图（二）

第三章

曝光与测光

高质量的影像需要以准确的曝光为前提。准确的曝光又离不开准确的测光。目前支持视频拍摄的现代相机、摄影机都普遍具有较为完善的测光系统，这为广大摄影从业人员、爱好者等都提供了较强的便利性。摄影师需要具备在复杂光线条件下对画面卓越的掌控能力，这需要扎实的理论知识和长期的实践磨砺。

第一节　曝光理论

一、摄影曝光的定义

来自被摄物体的光线，通过照相机的镜头，会聚成影像，落在胶片的感光乳剂层上，引起光化学效应，生成潜影，这就是摄影的感光，也叫曝光。感光多少与光化学效应的发生程度成正比。

曝光量是指感光片在曝光时乳剂层所接受光量的多少，通过镜头照在感光片上的光线数量越多，在感光片上停留的时间越长，曝光量越多。

适当的曝光量控制，是正确记录景物影像层次的保证。正确曝光的标准是经过曝光和显影加工之后，可使底片产生丰富的明暗层次，景物的影纹清晰细致，暗部也有影纹可现。要做到正确曝光，必须准确地测定景物的亮度，选择适当的光圈与快门，以及熟练地掌握感光材料的性能。

1. 正确曝光

在胶片时代，对于黑白负片，景物的明暗层次是以底片影像上银粒堆积的密度不同来表示的。景物中明亮的部分，经曝光发生的光化学效应强，在底片上形成的银粒堆积多，密度较厚，透明效果差；景物中暗的部位，发生光化学效应的程度较弱，在底片上形成的银粒堆积少，密度小，透明性强。

正确曝光是指根据景物的亮度来记录、表现景物，选择适当的光圈和快门的组合，在感光片上正确记录景物的影像。正常曝光的画面应是层次丰富、清晰明快，色调正常。曝光过度是指在拍摄时由于多种原因，造成感光片接受的光量超过正常需要量。曝光不足是指在拍摄时，感光片的曝光量少于正常曝光量。曝光不足时，不能正确记录景物中暗部位的影纹，画面中景物暗部会产生死黑，反差、层次、质感均较差，不能正确呈现景物的影像。曝光过度时，不能正确记录景物中亮的部位的影纹，画面中景物亮部会产生死白，反差偏弱，层次、质感较差。不能正确呈现景物的影像。

2. 根据“表现意图”曝光

摄影师在考虑曝光调节时，除了要了解正确曝光的含义，还要注意明确自己的“表现意图”等主观因素。

“表现意图”是指摄影师希望取得怎样的影调、色调与色彩效果。这种表现意图可能与常规的影像技术有所偏差，但往往创作者通过具体的风格化影像呈现，以表达出创作主观的艺术表现。在不少情况下，摄影者往往会有意识地多曝光或少曝光来达到自己的表现意图。为达到自己的表现意图而在正确曝光的基础上曝光过度或不足，这种“正确”曝光过度或“正确”曝光不足，即是“合适曝光”。进行这种曝光调节仍然要以正确曝光为基础，否则便会不得要领。例如，当摄影师拍摄雪景中的白雪，希望充分表现雪的亮部细节时，就需要在正确曝光的基础上减少一些曝光；当希望充分表现景物中的暗部细节时，比如拍摄一只黑色小狗，需要在正确曝光的基础上增加一些曝光。

实际上，“合适曝光”是主观概念，它对曝光的要求会随着拍摄者的表现意图而变化。合适曝光可以是正确曝光，也可以是在此基础上增、减曝光。摄影师在考虑曝光调节时，首先应该明确一个问题，也就是希望取得何种效果。实际需要的准确性与曝光调节也有关联。这种“需要”一是针对相机的宽容度而言，二是针对实际用途而言。

在胶片时代，不同类型的胶片宽容度表现亦不同。对于目前数字相机、摄影机来说，在拍摄视频时拥有较大的宽容度意味着它们对曝光的要求宽容些，后期处理的余地也相对更大。不同的用途对曝光准确性的要求也不同。对色彩、质感要求逼真地再现的商品广告片与普通旅行纪念视频，对曝光准确性的要求是明显不同的。

考虑以上这些影响曝光调节的主观因素，会有助于正确地决定应该怎样曝光。

二、影响曝光量的客观因素

光源的强度、被摄体的亮度、滤光镜的因数和光圈与快门速度的准确性都是影响曝光量调节的主要因素。

1. 光源的强度

自然界光线的变化十分复杂，但仍有一定的规律性，对曝光的影响也有一定的规律可循。一年之中的不同季节、一天之中的不同时间、天气情况、地球纬度、海拔高度等因素都明显改变着自然光的强弱。考虑摄影曝光时，对光线强弱不仅要注意光源本身的强弱，更要注意被摄体的受光情况，如在直射阳光下，被摄体分别处于不同角度时，曝光量就明显不同。对人造光源来说，除了这种光线角度的影响外，特别要注意被摄体至光源的距离也极大地影响曝光量。对人造光来说，也存在光源数量、功率大小和光源至被摄体距离的变化等。

（1）时间与天气对曝光的影响。另外，天气的变化对阳光的照射情况也有直接的影响。可将天气的变化大致分为四类：晴天朗日，蓝天白云，阳光照耀，这样的天气里，物体有明显的投影，是光线最明亮的天气；多云天里，薄云蔽日，物体的投影不明显；阴云密布，遮天蔽日，物体无投影；乌云翻滚，重阴欲雨，一片晦暗，称为重阴天气，物体无投影。

实际上，天气情况复杂而多变，光线也随之千变万化，在户外进行拍摄时更应根据具体情形灵活运用。

在一天当中，特别是户外拍摄被摄体的时候，阳光的投射高度有很大的不同。例如在早晨拍摄人像，太阳的位置略高于被摄者，被摄者面部眼窝、鼻子、嘴、下巴的投影不重，阴影并不深陷，适合拍摄人像。九十点钟的光线，太阳已渐渐升高，这时拍摄人像，所产生的鼻影比早晨长一些，脸上的投影比早晨略重一些，但这些投影并非过长过重，仍然是较好的拍摄时刻。下午两三点钟到黄昏时的光线，投射光的位置不高，也是人像摄影较适合的光线。

按照一天中光线亮度变化由强至弱的顺序，又可将一天中的时间分为三段：中午；日出后两小时和日落前两小时左右；日出、日落时。正午时，光线最强，景物最亮；日出后两小时和日落前两小时左右时的光线亮度约为正午的1／2；而日出、日落时的光线亮度仅为正午的1／10。还要注意，如果拍的是太阳本身而非地面景物，则应以太阳本身亮度为曝光依据。日出、日落前后光线变化很大，应测光才能进行准确的曝光。

（2）地域、季节变化对曝光的影响。中国是个领土大国，东西南北跨度大，同处一国气候季节不同。地球绕着太阳公转，形成了四季的变化。夏季里，太阳离地球赤道远，接近的相应半球，阳光照射的角度为直射，这时亮度最大；冬季里，太阳移向了相对的另一个半球，阳光改为斜射，亮度最小。春秋季里，太阳正好在赤道附近，亮度介于夏、冬之间。

当然，季节的变化是渐进的，很难划出明确的界限来。尤其在交季之时，很难分清是哪个季节，这里的划分也只是相对的和不确定的。同是夏季，南方光线偏直射而光线强，北方偏斜射而光线弱。如果所处纬度不同，一般来讲，地理纬度每增加15°，应增半级至一级的曝光量。海拔高度也是影响曝光量的重要因素之一。海拔高处，空气稀薄，光线较强；海拔低处，光线较弱。一般来讲，海拔每升高1000m，则应减少1／4级曝光量。

2．被摄体的亮度

被摄体的亮度是不同的。被摄体对光线的吸收和反射性能，因景物的色调、明暗、表面组织结构、所处环境的不同而不同。色调浅淡、表面光洁的景物，如雪地、水面、沙滩，反光能力强，在这样的环境下拍摄应比其他地方减少曝光量。色调深浓、表面粗糙的景物，反光能力差，在这样的环境下拍摄应比其他地方增加曝光量。

在遇到景物中既有极明亮部分又有极暗处时，则应以主体为曝光依据。如既要明亮部分又要阴暗部位，则应采取补光措施，增加阴暗部位的亮度，减小明暗反差，修正曝光值。

3. 滤光镜的因数

滤光镜的因数是其阻止光线的能力的标示，标明在滤光镜上。拍摄时，滤光镜阻挡了进光量，摄影师必须根据其阻挡光线的不同来适当增加感光。具体的增加感光的量应是用滤光镜的因数值乘以快门速度值，得出的新的快门速度值，而光圈值不变。

4. 机器性能的准确性

器材性能的准确性、光圈与快门速度的准确性，以及相机测光系统的准确性是直接影响曝光效果的潜在因素。“工欲善其事，必先利其器”。摄影师在拍摄前注意检查相机上这三者的性能，对取得准确的曝光是必要的。

三、曝光对影像质量的影响

曝光对影像质量的影响主要表现在影像的清晰度与影调控制两方面。

1. 对影像清晰度的影响

影像清晰度，不仅与起决定性作用的精确聚焦有关，而且还与曝光量、实际使用的光圈大小有关。

（1）**曝光量与影像清晰度**。曝光不足与曝光过度都会导致影像清晰度下降。

曝光严重不足时，无法清晰地再现影像。曝光过度会使影像细节表现的清晰度下降。曝光严重过度时，导致影像轮廓线被柔化而显得不够清晰。

（2）**光圈大小与影像清晰度**。同一曝光量可以由许多不同的曝光组合来达到。由于光圈与景深成反比：光圈大、景深小，即纵深景物被记录得较为清晰的范围就小；光圈小、景深大，即纵深景物被记录得较为清晰的范围就大。所以你选择有大光圈的曝光组合还是选择有小光圈的曝光组合，直接会影响被摄景物中纵深的清晰度状况。

2. 对影调的影响

曝光控制这一环节对于要获得理想的景物及影调的再现方面起着十分重要的作用。影调控制是表现景物的层次感、立体感的重要手段。以下从黑白摄影和彩色摄影两方面来看曝光量对影调的影响。

（1）**曝光量与黑白摄影的影调**。对于亮度差别不大、受光均匀的被摄景物，在视频拍摄时，只要前期正确曝光，再经过后期的影像调整，被摄对象原有的影调变化就能够得到很好的再现。但是，如果被拍摄的景物明暗差别太大，超出了感光元件宽容度所能允许的亮度反差范围，曝光的控制、曝光量的选择就直接影响影调的再现。

对同一景物，以明亮部位作为曝光依据，或以暗部作为曝光标准，可以拍出不同影调效果的影像。如果按景物明亮部位的亮度来曝光，景物阴暗部位的层次就得损失掉一些；如果按景物暗部的亮度来曝光，则景物明亮部位的层次就受到损失。因此，在拍摄取景的过程中，应对被摄景物的明暗情况做细致的观察、分析和研究，尤其是对景物中最亮的部位和最暗的部位要特别注意，区分出哪一个部位是重要的、必须表现出来的，通过对这一重点表现部位的确定来选定曝光量，对非重点部位的影调只好顺其自然，予以舍弃。

从这个意义上讲，正确曝光只是个相对的概念，是相对于被摄景物主体重点部位来讲影调能否正确再现。由于正确曝光对于影调的控制而言是相对的，没有一个精确的参考值，在对某些特殊景物进行曝光时，也可采用曝光过度或不足的办法，对景物进行特殊的表现。例如，拍摄雪景、树挂、冰凌等，适度曝光过度，能使雪、霜、冰的质感更加晶莹剔透，影调更加洁白明快，画面呈现高调的效果——以白为主，明快清朗。在拍摄以灰、黑色为主的低调人像照片时，人们常常采用的则是适度曝光不足的方法。以景物中稍暗的部位作为曝光依据，加上深色背景，把人物面部拍成中灰调，如果人物穿的衣服也是深色的则会成为深灰调。这样，在拍摄低调人像时就从曝光控制上得到了适当的影调控制。

所以，一般来讲，如果主体主要部位的影调得到了正确的呈现，曝光就是合适的，影调的再现也是恰当的。

（2）**曝光量与彩色摄影的色彩再现。**彩色摄影需要再现色彩斑斓的自然景物，拍出的景物很容易就会因色彩繁复而变得杂乱无序，让人看了眼花缭乱。因此，在拍摄取景时，就应当确定好以什么色彩作为基调，才能确保曝光的正确。依基调的色彩不同分为暖调、中间调和冷调。暖调的色彩以红、橙、黄为主，冷调的色彩以蓝、青色为主，介于二者之间的则为中间调。由于需要正确地再现被摄景物的色彩，彩色摄影对曝光准确性的要求更高。

第二节　测光系统

现代相机绝大多数带有测光系统，对于确定各种光线下的曝光量以及获取准确的曝光效果提供了极大的便利。而更加专业的独立式测光表在拍摄电影、视频等领域也必不可少。测光表有反射式测光表、入射式测光表、点测光表和闪光测光表四种基本类型。

一、相机测光系统的性能与运用

依赖相机的测光系统有时会出现不正确的曝光效果，要想使相机的自动曝光免遭失败，相机的测光读数真正服务于表现意图，就不能盲从测光读数。这就需要去了解测光系统的性能。

1. 反射式测光原理

反射式测光原理就是测量被摄对象的反射光亮度，它的测光原理是“以18%的中灰色调再现测光亮度”。测光系统的设计都是以这种18%的中灰色调的亮度为再现目的的。因此，不管你把测光系统对准什么色调的物体进行测光，它总是“认为”被摄对象是中灰色调，并提供再现中灰色调的曝光数据。也就是说，当测光对象是18%反射率的中灰色调，包括测光范围内各种景物的综合亮度是呈18%的中灰色调时，按测光读数推荐的曝光组合就能产生准确的曝光，这种曝光也是能最大限度表现景物各种亮度层次的曝光。

拍摄时，重要的在于“找准测光对象”。当测光对象是“通常的被摄体”，测光系统对大多数“通常的被摄体”都能取得良好的曝光效果。所谓“通常的被摄体”，就是被摄对象中的亮色调、暗色调以及中间色调混合起来而产生的一种反射率为18%的中灰色调。当测光对象是深暗色调时，如按测光读数曝光，把测光对象再现为18%的中灰色调，画面就会曝光过度。因为不论测光系统对准什么色调的被摄体，它总是“认为”被摄体是中灰色调的。然而，该景物实际应该再现为暗色调，而不应使其亮度提高为中灰色调。若使该景物再现为暗色调，应选用较小的光圈值或较快的快门速度，即减小曝光量。当测光对象是亮色调时，按测光读数的曝光，把测光对象再现为18%的中灰色调，又会导致曝光不足了。该景物实际应该再现为亮色调，而不应使其亮度降低为中灰色调。若使该景物再现为亮色调，应选用较大的光圈值或较慢的快门速度，即增加曝光量。

弄懂上述反射式测光原理，对于用好相机的测光系统以及独立式测光表都是十分重要的。

2. 相机测光系统的测光性能

使用相机测光系统时，除了要“找准测光对象”，还应了解相机测光系统的测光性能。了解相机具备怎样的测光性能，这是用好相机测光系统的基础。相机测光系统的测光性能主要有中央重点平均测光、局部测光、点测光和评价测光。

（1）**中央重点平均测光，是指对中央部分和画面其余部分分别测光，然后取其平均值。**一般重点测量画面中央60%，周围取40%的区域，参见图3-1。适合于一般主体较大又位于中心区的画面。这种模式下测光不容易受周围亮度和色调的影响，但当画面的周边部分有极端明亮或昏暗的部分时，应考虑避免出现高光溢出或暗部缺失等现象。该模式尤其适用于主体与背景光比适中的动态摄影。该模式在拍摄人像时与点测光有相似的地方，应该对人物脸部进行正确曝光，适合于人物在画面中心的场景。

（2）局部测光，是对画面的某一局部进行测光，为的是确定画面中央部分的曝光，可对被摄体各个部位进行精密的测光，参见图3-2。适合在当被摄主体与背景有着强烈明暗反差，而且被摄主体所占画面的比例不大时，着重测量主体的亮度，保证主体正常曝光。

（3）点测光，是测量整个画面中心9%左右的区域的光值，参见图3-3。使用点测光时，要测取画面上各特征点（如主体、强光区、暗光区）的光值，加以分析判断，以选取最合适的测光值。根据画面中希望达到中灰的基准部位测定曝光值，再对暗区、亮区及感兴趣的其他区测光。因为人像照片的视觉中心是人物的脸部，因此保证脸部的正确曝光是最重要的。点测光模式可以正确还原人物脸部细节，适合较复杂的光线环境。

（4）评价测光，又称多分区测光、矩阵测光等，参见图3-4。将画面分为若干个分区，每个区域独立测光，测光系统根据各区域的亮度、反差等数据进行分析、运算，得到最后的测光值。它是一种万能型的测光模式，可对画面整体亮度进行判断，计算基本平均的曝光。不管被摄体是风景还是人像都可以使用。总之，是适合阳光正面照射被摄体、顺光条件下的测光模式。如果使用此测光模式得到的值并非自己所希望的亮度时，可以使用曝光补偿，调整至自己希望得到的亮度。

图3-1 中央重点平均测光模式

图3-2 局部测光模式

图3-3 点测光模式

图3-4 评价测光模式

二、曝光补偿装置

在具体拍摄时，拍摄者不只寻求技术上的正确，机械地再现景物，还要对景物进行

“表现”，强化或削弱画面中的某些部位，从而进行创作性的或创造性的“再现”，这些可以用曝光补偿来完成。

一般相机都设有曝光补偿装置，用以加强或削弱主体的曝光，从而保证主体曝光的正确。利用曝光补偿按钮，可以实现增加曝光量或减少曝光量。一般数码相机以1／3挡设定曝光补偿，＋1／3代表增加1／3挡曝光量。

三、测光表的使用技巧

独立式测光表有反射式测光表、入射式测光表和点测光表三种基本类型。现代高级独立式测光表只要加用相应的附件，就能集这三种测光表的功能于一身。独立式测光表的显示方式以液晶数字显示较为常见，在使用时要先输入使用的感光度和快门速度，然后按下测光按钮，便能在显示窗直接显示应该使用的光圈系数。

1. 反射式测光表

反射式测光表是测量被摄体的反射光亮度，即测量来自景物的反射光的量。掌握好反射式测光原理是用好这种独立式测光表的关键。测光的方法是将测光表的光敏元件的部位对着被摄物体进行测光，参见图3-5。

图3-5 反射式测光表测光的方法

反射式测光表测光的重点应是主体的主要部位。由于给出的是平均亮度值。所以适宜于测量亮度较均匀的景物。如果主体与背景明暗差别太大，则应走近主体，测出主体的亮度作为曝光依据。如果被摄物体本身明暗面相差悬殊，则应分别测出明亮部位和阴暗部位的亮度，综合考虑后，确定适当的曝光值。

反射式测光表的使用技巧有机位法、近测法、灰卡法、代测法、亮部法、暗部法六种，这些测光技巧也适用于相机的测光系统。

（1）**机位法。**机位法就是在相机的位置对被摄体进行测光。根据反射式测光原理，只要在机位测到的景物平均亮度接近18%的中灰亮度，就能产生理想的曝光效果。采用机位法测光时应注意避免过多的天空光进入测光窗，否则易曝光不足。

（2）**近测法**。近测法就是靠近被摄体进行测光，测量其局部亮度。近测时，既要做到测光部位准确，又要防止测光表在测光部位投下阴影，否则均会影响测光读数的准确性。测光表距测光部位宜控制在10cm左右。在拍摄顺光或逆光下的人物特写、近景时，可以采用近测法选择人物的脸部或反射率类似18%中灰的部位测光；如果是在侧光条件下，用近测法分别测出物体亮部和暗部的亮度，取其平均值作为曝光依据，并可以测定景物反差。

图3-6 按18%的标准灰卡测光

（3）**灰卡法**。灰卡法就是采用反射率为18%的标准灰卡作为测光对象，参见图3-6。使用灰卡法测光时，要注意使灰卡处于被摄体同样的受光条件下，以及测光表应距离灰卡10cm左右测光，避免在灰卡上产生测光表的投影。灰卡法避免了对测光部位选择不当而产生的测光误差，是一种准确、简便的测光方法。

（4）**代测法**。代测法就是在同样的受光条件下，采用反射率接近18%的其他物体作为代测对象，向被摄体之外的其他物体测光。我们黄种人的手背肤色接近18%灰卡的反射率，所以最常用的代测法是在与被摄体一致的受光条件下，测量摄影者自己的手背，用手背来代替灰卡确定曝光值。

（5）**亮部法**。亮部法就是朝着景物中稍有细节、层次展现的最亮部位测光，其作用是确保被摄景物的亮部有良好的细节表现。测光时，不要让测光范围包含其他色调的部位。得到的测光读数不能直接使用，需要开大2.3挡光圈使用。

点测光表和某些具有点测光功能的相机上，具有用于这种亮部法测光的“H”键（Highlight）。当使用“H”键时得到的测光读数已经开大了2.3挡光圈，不必要再开大光圈使用。

（6）**暗部法**。暗部法就是朝着景物中稍有细节、层次的最暗部测光，其作用是确保被摄景物的暗部有良好的细节表现。测光时，同样不要让测光范围包含其他色调的部位。注意这种暗部的测光读数不能直接使用，需要缩小2.7挡光圈使用。

点测光表和某些具有点测光功能的相机上，具有用于这种暗部法测光的“S”键（Shadow）。当使用“S”键得到的测光读数已经缩小了2.7挡光圈，不必要再缩小光圈使用。

采用亮部法时对暗部的影响和采用暗部法时对亮部的影响，取决于被摄体的反差情况和所用设备的种类。如果正确地记录景物亮部是十分重要的话，那么，亮部法测光能予以保证；反之，如果正确地记录景物暗部是十分重要的话，那么，暗部法测光能予以保证。但当景物亮度范围过大时，任何测光法都无法正确地记录景物的全部亮度和细节。

2. 入射式测光表

入射光式测光表用来测量光源的亮度，即直接朝光源测量被摄体承受的照度。入射式测光读数与18%灰卡的测光读数是一致的。测光的方法是把测光表置于被摄体的位置，使测光窗朝着相机光轴方向进行测光，参见图3-7。

图3-7 入射式测光表测光的方法

入射式测光表的操作简便、单一，是受摄影师喜爱的一种测光方式。由于测量的不是物体的反射光，而是直接测量照射它们的光线，所以不受被摄体色调深浅的影响，各种色调的被摄体也都能得到忠实的再现。

许多反射式测光表只要在测光窗上加一只半球型的乳白罩，就能用于测量入射光了。但要注意确保测光元件的受光条件与景物受光条件相一致。应避免正对光源测光，否则测出的光值偏高。当在室内灯光下使用入射式测光表时，应坚持在被摄体位置测光。不要试图在其他什么地方代替被摄体位置测光，因为在室内灯光下，人的肉眼难以区别灯光照度的明显变化。当在室外拍摄风景时，如果测光窗的受光条件与景物的受光条件一致的话，可以把入射式测光表放在相机位置测光，通常是把测光窗朝镜头光轴的反方向水平测光，而不要对准太阳。但是如果相机位置的受光条件与被摄体不一致，那就无法使用入射式测光了。这时，应改用反射式测光法测光，对许多测光表来说，只要把乳白罩移除即可。

在具体拍摄时，可根据需要，既测入射光，又测反射光，再结合景物受光情况及景物本身的表面结构特点、反光性能，综合考虑，从而获得准确的曝光量。

3. 点测光表

点测光表是一种反射式测光表，用来测量被摄景物部分区域（重点部位）的反射光，从而保证景物重要部位能获得正确曝光。这种测光表受光非常狭窄，通常只有1°，能远距离测取景物很小部位的亮度，测光时应将测光点选在主体主要部位。

对于特殊的被摄体或在特殊的光线条件下，反射式测光表和入射式测光表往往不能发挥作用，这时点测光表的测光就特别奏效。另外，在景物明暗相差悬殊时，点测光表用于“亮部法”和“暗部法”的测光，可分别测得明亮部位和暗部的光值，综合加以考虑，选取适当的曝光值或采用平均光值来曝光。点测光表也可向中间色调测光，其测光值可以直接使用，或采用灰卡法、代测法等，对测量被摄体的反差既准确而又便利。

第四章

摄影构图

有人说，摄影就是取景的艺术。从大的方面看，取景决定着拍摄者对于主题和题材的选择；从小的方面看，取景则决定着画面布局和景物的表现。取景的水平从一定意义上讲决定了摄影作品的水平和质量。摄影者既要注意学习有关摄影构图的规律、法则，又不要被这些规律、法则所束缚；既要勇于创新、突破，又应以摄影构图常识作为基础。

第一节　构思与构图

构思是摄影者通过拍摄对象所要说明的问题，即画面的内容。摄影构图的各个方面都应该是以突出主题思想为基本任务，摄影者在构图时应明确所要表现的主题思想是什么，并根据主题思想仔细地进行构图。任何作品都是内容与形式的统一，也就是主题思想内容与画面表现形式的统一，其中构思是起决定作用的，它决定着作品的价值和生命力。

构图是一个思维过程，它从自然界杂乱无章的事物之中找出秩序；构图是一个组织过程，它把生活中大量散乱的构图要素组织成为一个可以理解的整体；构图也是一个反应过程，通过在作品中运用恰当的艺术形象和造型语言，使观众在欣赏作品的同时产生思想共鸣和审美感受，从而体现拍摄意图，表达自己的创作思想。构图是表现作品内容的重要因素，它使主题思想所构成的一定的内部结构得到恰当的表现，只有内部结构和外部结构得到和谐统一，才能产生完美的构图。通过构图，摄影者说明了他要表达的信息，把想要表现的思想传达给观众，把观众的注意力引向摄影者关注的那些最重要最有趣的要素。

专业摄影师往往能够比业余摄影师拍摄出令人满意的画面的原因之一是，前者往往是在心中有了明确的任务及目标之后才开始工作的。他们为了一个特定的目的，去拍摄表现特定思想内容的画面。在拍摄作品和后期制作的整个过程中，这个特定的主题和被摄物体在摄影师的心目中都应该是第一位的。

关于构图方法，没有像技术资料那样有现成的表格、手册可供使用。实际上，摄影构图是十分灵活的，只有在实际创作中才能具体化。因为每一个新的构思、新的主题都会启发创作者去设计出特殊的拍摄角度、画面布局、光线描绘和线条影调组合等。俗话说“艺无定法”，为了表达不同的主题思想，摄影者可以运用不同的构图手法。

第二节　镜头的选择与使用

镜头是摄影的重要部件，是画面构图的重要表现手段。在选择不同镜头进行拍摄时，经常要考虑两方面的因素：其一是镜头本身的特点，即具有什么样的造型性能；其二是镜头能够拍摄出的艺术效果和氛围，即给观众带来什么样的心理感受，是不是能够给观众传达要表现的主题等。

1. 广角镜头、标准镜头和长焦距镜头

标准镜头拍摄的画面与人眼在正常情况下观看景物的视角接近。凡是镜头焦距比标准镜头值短的镜头，称为广角镜头。凡是镜头焦距比标准镜头值长的镜头，称为长焦距镜头。

选择镜头合适的焦段也是选择镜头的一个重要部分。广角镜头焦段一般指等效35mm全画幅焦距的35mm以下焦段，广角镜头带来的视角更宽广，画面冲击力更强，但往往会搭配着更为夸张的畸变和更大的景深范围。长焦镜头一般指等效35mm全画幅焦距的85mm以上的焦段，和广角镜头相反，由于对于画面纵深的压缩，会使得画面更平面化、景深范围也更小。在等效35mm全画幅的35～85mm之间的焦段，就是一般意义上的标准镜头，一般35mm全画幅的焦段会是40mm、50mm、55mm等，这些焦段的镜头在取景时比较符合“人眼视角”，也会是短视频创作中经常被制作者使用到的焦段。

长焦距镜头会降低画面的空间透视感，纵向排列的景物相互之间会比实际上更加地靠近，画面更加具有压缩感。相反，广角镜头可以增加画面的空间透视感，主体与背景间的距离比实际上更加大，并且广角镜头能够使被摄对象产生变形。

另外如果拍摄物体本身是运动的，那么在广角镜头中物体的位移要小于在长焦距镜头中物体的位移。很显然，长焦距镜头的焦距越长，或者广角镜头的焦距越短，那么这两种物镜的特点，以及因此而产生的它们之间的区别，也就愈加强烈。

有很多人认为广角镜头是拍摄大场景的镜头，而长焦镜头是拍摄近景的镜头。这种误区的存在忽略了两方面的因素：其一是忘记了摄影机是可以移动的，可以通过加大拍摄距离，用长焦距镜头来拍摄大场面。其二是忽略了背景与人物之间的关系，长焦距镜头因其取景角度很小，只能展示人物背后背景的一小部分，而在对该人物同等大小成像的拍摄中，广角镜头却可以拍摄到更宽阔的背景。

以2009年奥斯卡最佳视觉效果影片《钢铁侠》为例，图4-1和图4-2两个画面均是使用中长焦镜头拍摄的。图4-1表现了爆

图4-1 影片《钢铁侠》片段截图（一）

炸现场强烈的前后纵深感。从图4-2可以看出长焦的一个好处是让画面变得更干净——在拍摄画面主体的时候去除掉画面中过多的背景杂项。用长焦镜头拍摄全景画面时，通过长焦镜头对画面纵深的压缩，增加整个空间的立体感，虽然是一个全景，也增强了主体在画面中的地位。如影片《钢铁侠》中的几个长焦画面都用简洁的背景暗示主角孤立无援的境况，或用长焦带来的虚实结合的效果突出人物主体并虚化背景，参见图4-3、图4-4。

图4-2 影片《钢铁侠》片段截图（二）

图4-3 影片《钢铁侠》片段截图（三）

图4-4 影片《钢铁侠》片段截图（四）

标准镜头拍摄的优势在于与人眼视角相近，所以无论是中景画面或是近景画面，得到的都会是一个舒服的透视关系，空间的延伸也会更像是真人观察得到的纵深。在大部分的影视制作中，40%或更多镜头会使用标准镜头（或是标准镜头附近的焦段）拍摄，因为标准镜头所带来的视角跟在日常生活中用眼睛观察的视角最为接近。标准镜头在影片《钢铁侠》中的运用大多是为了表现主人公和环境的关系或者与配角之间的人物关系。虽然景别相似，但是由于背景距离的不同，展现了不同的环境关系，参见图4-5、图4-6。

图4-5 影片《钢铁侠》片段截图（五）

图4-6 影片《钢铁侠》片段截图（六）

2. 定焦镜头和变焦镜头

短视频摄影创作中使用的镜头一般分为两大类，即定焦镜头和变焦镜头。定焦镜头（Prime Lens）是指焦距恒定的镜头（图4-7），也就是说视野不会变化，那么在实际的创作中，意味着定焦镜头的透视关系由于焦距的恒定而不会发生变化。变焦镜头（Zoom Lens）则恰恰相反（图4-8），在一定的范围内变焦镜头可以变换焦距，从而得到不同的透视关系和景深。通常用该变焦镜头的最长的焦距值除以最短的焦距值就是该镜头的变焦倍率，例如10～150mm变焦镜头的变焦倍率是15倍。变焦倍率越大，变焦范围也就越大，记录景物和表现空间的能力也就越强。但是由于变焦倍率越大，镜头的制作工艺及内部构造也就越复杂，在选择变焦镜头时并不是镜头的变焦倍率越大越好，应该根据题材及实际拍摄的需要来选择合适的镜头。

图4-7 Zeiss Compact Prime CP.3定焦镜头

图4-8 安琴Type EZ“幻影”系列变焦镜头

定焦镜头的画面质量比变焦镜头在同样的焦距下会稍好，一般来说镜头光圈也会大一些。但如果是状况比较复杂的拍摄，则肯定是变焦镜头来得方便，这样既免去了携带多个定焦镜头的负重，节省了更换镜头的时间，又可以在需要的时候调整到合适的景别，完成拍摄任务。

3. 景深

说到镜头要素，还有一个概念不得不提，那就是景深。在景深范围之内，纵向排列的景物是清晰的，而在景深范围之外，目标则是模糊的。影响景深大小的三个因素是焦距、光圈和拍摄距离（物距）。

（1）**焦距与景深成反比。**焦距越短，景深越大；焦距越长，景深越小。广角镜头的景深相对较大，长焦距镜头的景深相对较小，因此用长焦距镜头拍摄的人物本身是清晰的，而背景则是模糊不清的。以1995年岩井俊二导演的影片《情书》为例，在渡边博子和秋叶茂在工作室内的对话场面中，采取了一个长焦、一个广角的双机位，所形成的两种画面效果是完全不同的，参见图4-9、图4-10。

图4-9 影片《情书》片段截图

图4-10 影片《情书》片段截图

（2）**光圈与景深成反比。**光圈越小，景深越大；光圈越大，景深越小；这一特点对于广角镜头来说，因为其固有的大景深，光圈的选择对于画面的清晰度没有太大的影响。但是这一特点对于具有小景深的长焦镜头来说尤为重要——可以通过调节光圈的大小来获取景深范围的变化，而达到所要表达的画面效果。可以通过开大光圈更加强聚焦的清晰度，比如从一群景物中分离出一个物体；相反，也可以通过减小光圈来使一连串的纵深目标拥有可以接受的清晰边缘，同时画面具有长焦镜头的压缩感。在电影《情书》当中，有两次人物站在书柜前的画面，一个是小光圈，另一个是大光圈，人物都处在清晰地范围内，但是背景的区别较大，参见图4-11、图4-12。

图4-11 影片《情书》片段截图（一）

图4-12 影片《情书》片段截图（二）

（3）**拍摄距离（物距）与景深成正比。**当焦距、光圈两者固定不变时，拍摄距离（物距）越近，景深越小；拍摄距离（物距）越远，景深越大。通常来说，拍摄距离影响景深变化的情况经常出现在运动场镜头中，例如李安导演的电影《比利林恩的中场战事》中，现场导演带着士兵们从观众席走向球场中央，在这个长镜头中，士兵离观众席的距离很近时，可以清晰地看到观众的面部等细节。随着士兵远离观众席，观众席逐渐离开焦点区域，因此越来越虚，参见图4-13、图4-14。

图4-13 影片《比利林恩的中场战事》片段截图（一）

图4-14 影片《比利林恩的中场战事》片段截图（二）

在了解了不同种类镜头的特点之后，应该根据每一个确切的实际情况，如拍摄内容、目的及想要实现的画面效果来选择合适的镜头进行拍摄。比如，长焦镜头通常把人物拍摄得更加美丽，通常是清晰的目标模糊的背景，目标更加明显。另外，由于长焦距镜头的拍摄距离一般都比较远，在视觉上会带来减慢运动的效果。长焦镜头在减缓一个本身很快速的运动时，运动的规律及特性在观众眼里变得更加清晰可辨。

在选择镜头时，长焦镜头和广角镜头由于自身特点的不同，在拍摄距离的要求上也非常不同。相对于广角镜头，长焦距镜头要离被摄目标远一些。所以，在拍摄时还要根据摄影机的机位、被摄目标与背景的关系来选择合适的镜头进行拍摄。比如：如果拍摄地点十分狭小而又需要拍摄比较大的场景，就不得不选择一个广角镜头以拍摄想要的画面；在拍摄时，被摄目标与背景的关系也是需要把握的，要记住当把一个人物在画面中拍摄成同等大小时，一个广角镜头将展现人物身后背景的全部，而一个长焦镜头将只展现背景很小的一部分。

在选择镜头时，还有一个问题是要关注的，即景深问题。具体拍摄中，要根据实际情况开大或缩小光圈。比如想从一群人中分离出一个人，就要选择长焦镜头，同时开大光圈，以便减小景深。相反，如果想展示川流不息的大河，大河一直延伸到远方看不见的地方，就要选择广角镜头，同时缩小光圈，以便扩大景深。

短视频拍摄由于不像电影和商业广告一样拥有大量的预算，所以画面的“舒服”会更加吸引观众的眼球。在拍摄不同主体的时候，选择透视关系合适的镜头，而不仅仅拘泥于景别的限制，才可以让画面语言在短视频制作中得到最大化的呈现。

第三节　摄影画面构成要素

摄影画面的构成要素主要有主体、陪体、前景、背景、横竖画面的确定，线条、影调、空白、透视规律的运用等。

一、主体

主体是摄影画面中要表现的主要对象，是画面主题思想的主要体现者，也是摄影画面的兴趣中心。一个画面中如果没有明显的占压倒优势的兴趣中心，观众看了就会迷惑不解，无法正确理解画面的内容。

主体在画面中主要有两个作用：一是通过主体观众可以正确理解画面的内容；二是有利于集中观众的视线。一幅画面只能有一个主体，即一个清晰而鲜明的兴趣中心。主体不一定必须是一个人、一个地方或者一件东西。它可以是一个形状、一个线条、一个动作，可以是整个物体或者物体的一部分，也可以是以某种方式结合在一起的若干物体的组合。

当主体是一个单一的物体同时在画面中的面积比较大时，或者由于明暗、质感等方面对比比较强烈时，可以清晰地辨认出主体在哪里。如卓别林主演的电影《摩登时代》，虽然是一部黑白影片，但是依然能够很容易辨别主体的存在，参见图4-15。

图4-15 影片《摩登时代》片段截图

在有些画面中，画面本身没有兴趣中心，以至于缺乏内在情趣，画面中没有醒目的线条和形状来集中观众的视线，画面中的各个部分只能作为陪衬，观众除了浏览一下之外，无法找到值得细看的兴趣中心。如图4-16所示，画面中的楼房过于密集，没有主要突出的主体，整幅画面缺少兴趣中心，无法吸引观众对画面的兴趣。

图4-16 毫无兴趣中心的拍摄

作为兴趣中心的主体，在画面中必须是一目了然的。在对繁杂的景物进行拍摄的时候，摄影师的兴趣点往往集中在主体身上，而忽略了画面中主体周围的其他元素，在主观上总是希望这些其他因素可以消失或者不出现在画面中，然而实际情况却是主体周围的景物并没有消失不见，所以在摄影师们选定要拍摄的主体后，还要在画面中去留意除了主体之外的其他景物，即陪体。

二、陪体

题材不同，构成画面的物体也就不同，从简单到复杂。如果认为每一个物体都有吸引人的可拍之处，采取“包罗万象”的态度，把每一个物体都统统容纳在画面中，不加选择没有主次之分的话，就会形成严重的视觉混乱。所以，在拍摄时必须要学会选择物体进行拍摄，要有主次之分。

如果画面中有一个物体要加以强调，要处以主要位置的话，画面中其他的物体则要处于次要的位置。如果没有主次之分，即使画面中两个物体同样具有吸引力，也能分散观众的注意力，从而破坏这个画面的效果。如果无法让这两个具有同样吸引力的物体处于从属地位，解决的办法是分别拍成两张画面。

主体在画面中占有主要位置，是画面的兴趣中心。陪体是辅助主体表达主题思想的人或景物，在画面中占有次要位置。陪体在画面中所占的面积、色调安排、线条走向等方面都要与主体配合，与主体相呼应。如果陪体安排恰当的话，可以使画面语言显得更加生动。《摩登时代》中，卓别林饰演的一个失业员工在餐厅寻得了一个跳舞唱歌的工作，此时的他很明显是作为画面的主体，而周围的乐手和观众作为陪体很好的交代了当前的环境特征，陪体人物视线的汇聚也进一步突出了主体的存在，参见图4-17。

图4-17 影片《摩登时代》片段截图

三、前景

前景是摄影构图的重要因素，具有明显突前的特点，在画面中所处的位置一般是在主体的前面。如电影《爱乐之城》中的场景，主角所在的乐队为主体，下方欢呼的观众作为前景不仅展现了现场感，也渲染了欢乐的气氛，参见图4-18。

前景在画面中主要起三个作用：一是渲染主题；二是增强空间感，强化主观地位；三是均衡画面，加强装饰性。

图4-18 影片《爱乐之城》片段截图

前景的使用一方面可以使画面语言更加丰富，另一方面，前景的形式和在画面中的位置可以是多样的。比如前景可以遍布画面，也可以分布在画面的四周；前景可以虚像，也可以是实像。前景如果使用恰当，可以使画面更加生动，当然有些画面本身是不需要前景的，这时就不要生硬地运用前景。另外，在构图时也要注意运用前景要掌握好尺度，不要为了单纯追求前景的效果，而忘了应该注意的主体形象和画面要表现的主题思想。

四、背景

背景是在主体后面，烘托主体的景物。相对于主体而言，处于次要地位而足以表明所处环境的背景，在画面中是必不可少的；一幅画面是否成功，与主体的背景优劣有关。有了背景的存在，才能显示出主体的优势；否则，主体就失去了它的地位。

短视频创作应该重视背景的作用。第一，背景使用得当能够有效地起到烘托主体的作用，使主体形状、轮廓更加突出。背景使用不当则会减弱主体的光彩。第二，背景可以交代环境、点化中心。第三，背景可以帮助构图，使画面具有空间感、均衡感等。

背景是起衬托主体作用的景物。在处理背景时，要注意背景与主体在明暗、色彩、动静、虚实等方面的关系，应使主体形象鲜明突出。如果背景本身是和内容相关的，可以强调背景使其醒目。希区柯克导演的电影《惊魂记》中，可以看到不同的背景处理方式。一种是与内容相关的背景，刚刚被盘查过的女主角焦虑地看着车后的警车，面部表情十分紧张，参见图4-19。另一种是与内容无关的背景，可以采取简化背景、突出主体的方法处理。比如简单的对话场景对情节推动没有太大作用，只需要使用大光圈、选择简洁背景等方法突出人物面部表情即可，参见图4-20。

背景处理是摄影画面结构中的一个重要环节，只有在拍摄中细心选择，才能使画面内容精练准确，视觉形象得到完美的表现。

图4-19 影片《惊魂记》片段截图（一）

图4-20 影片《惊魂记》片段截图（二）

五、线条

生活中存在着大量的拍摄题材和构图要素。作为摄影师，必须要不断提高自身的洞察力和鉴赏力，并努力提高具体运用它们的能力。在面对景物的时候，应该撇开景物的一般特征，而把它们看作是形状、线条、质地、明暗、颜色和立体物的结合体。作为摄影师，应该把深入研究事物的能力与个人兴趣结合起来，培养善于观察画面内在的视觉要素的能力。

线条的位置和方向经常被当作一种象征，它能使人们产生丰富的联想。比如垂直线给人永恒、生命、权利、尊严等联想；水平线给人安宁、平静、死亡、大地和天空等联想；斜线给人行动、危险、崩溃、无法控制的运动等联想；圆形给人优雅、成长、蓬勃等联想。

我们知道，不同背景的人对不同的事物会有不同的联想，文化素养和经验不同的人看到同一事物可能会产生不同的联想。如果作品的受众是某些特定的观众，观众可以根据画面中形象符号的内在含义来理解作品的内容，在创作时就可以采用这种特殊的表现手法来突出主题进行创作。比如在一些宗教题材的作品中，摄影师往往通过突出和强调线条的象征性来进行创作，在画面中突出表现建筑中的圆形拱门、尖顶拱门及十字形状等。但是，当这些形状被环境中其他要素所淹没的时候，宗教色彩就没有那么明显了。

线条还有一种表现形式，就是物体的轮廓线。可以通过控制照明来加强物体的轮廓线，可以表现出物体的边缘和立体感，使照片更具有艺术情趣。如影片《东方快车谋杀案》中，开篇时，侦探波洛仔细地测量鸡蛋的高度，摄影师给了一个侧脸的逆光画面，勾勒出了侦探波洛的面部边缘和眼神，同时虚化掉了背景，加上线条的作用，更容易突出主体，参见图4-21。

图4-21 影片《东方快车谋杀案》片段截图

六、影调

影调是指摄影画面中的一系列不同等级的黑白灰表现。摄影过程的每一个细小的环节，从前期拍摄到后期制作，都对画面影调的表现力有着相当大的影响，从而深刻地影响作品的表现力。

在摄影画面中，要把明暗两个部分的影调等级和层次充分细致地表现出来。为了对色调进行大致的分类，人们设计了这个灰色级谱，参见图4-22，并用它作为识别和记录色调的依据。怎样运用级谱里的数值，是影响作品气氛的因素之一。

图4-22 灰色级谱

在摄影中，影调的划分可以按照两个标准来进行：

图4-23 影片《拯救大兵瑞恩》片段截图

（1）根据画面的基调，从整体的明暗倾向又可划分为三种基本基调，即亮调、暗调、中间调。如果一幅画面，大量运用白和灰色影调，只有很少部分的暗调构成，这样的画面就是高调画面。高调画面给人轻松、明快、纯洁的感觉，表现的是轻松愉快的气氛。例如影片《拯救大兵瑞恩》的结尾，瑞恩和妻子来到约翰米勒上尉的墓前，缅怀曾经的战争英雄，十字架和天空都是纯洁的白色，表现了一种圣洁灵魂的升华，参见图4-23。

如果一幅画面，大量利用黑灰的影调，只有少许亮调构成，这样的画面就是暗调画面。暗调画面给人肃穆、凝重、神秘的感觉，表现的是阴沉忧郁的气氛。例如在影片《贫民窟的百万富翁》中，萨里姆和贾马尔兄弟让人贩子带走时险些被弄瞎双眼，此时的低调画面一方面交代了夜晚的时间，另一方面暗示着这个地方阴森恐怖的环境和人心的险恶，参见图4-24。

在高调和低调的画面处理中，要注意的是，通常没有暗影调存在的高调画面和没有亮影调存在的低调画面，看上去就会像曝光不足和曝光过度一样。所以在高调画面中要处理好暗影调，在暗调画面中要处理好亮影调。

图4-24 影片《贫民窟的百万富翁》片段截图

在最常见的光线下摄影时所产生的影调效果，就是中间调，也叫灰调、一般调。在影片《情书》的最后，渡边博子面对着男友逝去的雪山，宣泄着自己的情绪，中灰色调为主的画面给人一种压抑的感觉，但是通透的白雪又给人带来希望，符合了她此时复杂的心情，参见图4-25。

（2）**根据画面的影调层次可分为硬调、软调、中间调。**如果一幅画面相邻影调间过渡层次少，明暗对比强、反差大，这样的画面就是硬调。影调画面给人明快、粗犷的感觉，如阿方索卡隆导演的科幻电影《地心引力》，很多宇航员在太空中的画面都属于高反差的硬调画面，参见图4-26。

如果一幅画面，以中间过渡层次为主，反差弱，这样的画面影调就是软调。软调画面给人柔和的感觉，利于表现质感，画面平淡。如影片《盗梦空间》的梦境画面，采用了一个逆光处理，背景以灰色调为主，通常来说逆光画面反差较弱，所以属于软调画面，参见图4-27。

如果一幅画面，影调明暗对比、反差适中，这样的画面影调就是中间调。还是在影片《盗梦空间》里，经典的一幅双人近景对话场景中，既有高光也有阴影，但是以中间层次为主，所以影调较全、层次丰富，属于中间调画面，参见图4-28。

图4-25 影片《情书》片段截图

图4-26 影片《地心引力》片段截图

图4-27 影片《盗梦空间》片段截图（一）

图4-28 影片《盗梦空间》片段截图（二）

影调在摄影画面构成中有如下几点作用：

- 强化或弱化画面的空间深度和立体感。如暗影调的前景、亮背景可起到强化作用。
- 强调线条、形状、质感等构图的诸多因素，有助于画面造型。
- 组织视觉重点、突出主体。如人像摄影中暗背景亮主体的作用。
- 烘托气氛，创造不同的视觉感受。如下雪时的白影调给人轻飘的感觉，而夜晚的黑色则让观众觉得沉重。

在进行影调配置时应注意的问题：

- 根据被摄对象的特征确定画面的基调。
- 影调配置要完美地突出主体，亮背景暗主体，暗背景亮主体。
- 防止黑、白、灰影调的等量分布，防止色块的对称和零乱，画面的影调安排应有主次之分。
- 一幅黑白画面，一定要有最黑和最白的两级调子，黑处黑透，白处白亮，中间有适度的灰，这样的画面才有黑白摄影的韵味。

七、空白

空白不一定是纯黑或者纯白，凡是在画面当中没有实体意义的部分，都可以被看成空白，如天空、地面、水面或被虚化的背景。影片《侏罗纪世界2》中的一个催人泪下的画面，恐龙被吞噬在火焰之中，前方的灰尘只将恐龙的体形勾勒出来，看不到细节，但是这种留白反而给人带来更多想象的空间，更能营造和体现悲伤之情，参见图4-29。

摄影中空白的作用有以下几个方面：

- 空白的主要作用与任务是突出主体。空白影响主体的突出程度。空白大，则突出，反之，不易突出。

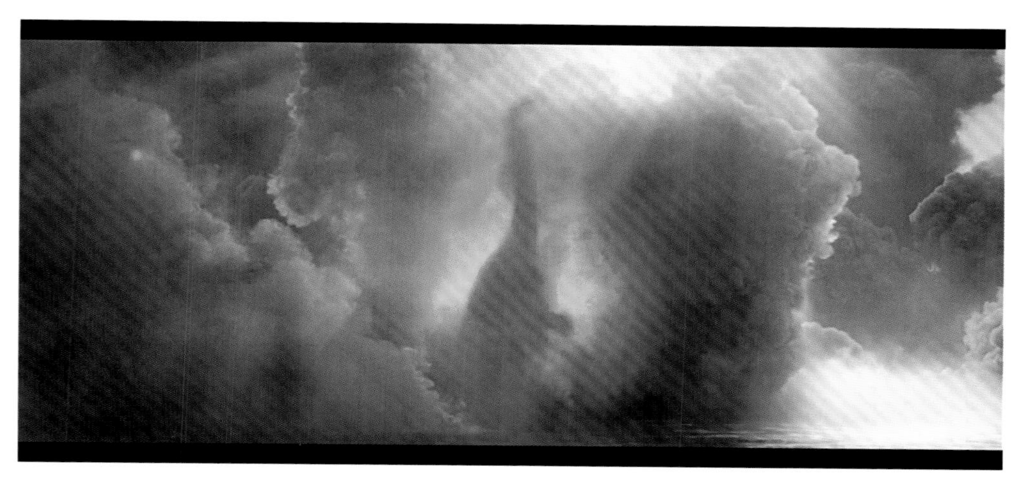

图4-29 影片《侏罗纪世界2》片段截图

- 空白是产生意境、帮助联想的条件，它能引发观众的视线和思绪顺着画面意境流转、驰骋，激起感情上的共鸣。形象在画面之中，而意却在画面之外。空白较多的画面往往偏重于写意。
- 画面中留有空白，有助于感受主体运动。一般在拍摄运动的物体，在动体的运动方向都留有余地，让观众感受到主体在不同程度的运动，不要形成画面中人为的视觉障碍。

摄影画面的空间分配、空白留舍，往往因作品的主题、作者的立意、创作个性不同，而作不同的处理。画面空白处理的主要依据是人的视觉习惯和心理要求。在构建一幅画面时，首先要审时度势，根据具体情况安排处理好空白。

八、透视规律的运用

透视规律的运用可以获得多方面的视觉效果。透视关系处理得好，除了能增强空间深度感，加大画面的内涵，还能增强摄影画面对现场气氛的表现。当然，它还有突出主体的作用。

1. 线条透视规律的运用

线条透视的规律有以下几点：①近大远小；②景物的轮廓线越远越集中；③视平线以上的线条越向远处延伸则愈往低处走，视平线以下的线条越远则越向高处走；④视点右边的线条向左集中，左边的线条向右集中。

线条透视的效果还与镜头焦距、拍摄距离、拍摄方向以及拍摄角度有关。

在拍摄取景时仔细考虑好上述因素，细致观察线条透视的效果，可将人们的视线通过线条透视的效果引向画面主体，从而使主体突出。如影片《头文字D》中的赛车过弯镜头，利用由近及远的道路曲线和灯光等其他因素的配合，让人的视线集中到赛车上，参见图4-30。

图4-30 影片《头文字D》片段截图（一）

2. 阶调透视规律的运用

阶调透视的规律是：距离近的景物明度低，轮廓清晰，反差大，色纯度高；距离远的景物则明度高，轮廓越来越模糊，反差变小，色纯度变低。

在拍摄取景时，充分注意和利用阶调透视的效果，也能获得突出主体的效果。例如可以利用较暗的前景来衬托主体，使观众将视线集中到主体上。当然，利用对焦虚实的变化也是突出主体的基本方法之一。在影片《头文字D》中，两个人的对话镜头，采用了过肩的拍摄方法，再加上大光圈的运用，利用阶梯透视表现出前后的空间，突出了人物主体，参见图4-31。

图4-31 影片《头文字D》片段截图（二）

第四节 拍摄角度

拍摄点是指拍摄者所处的位置，严格地讲应当是机位，也是受众的位置。拍摄点不同，甚至稍有不同，同一景物在画面上的效果就大不一样。人们常说的“移步换景”，对摄影取景具有十分重要的启示。拍摄点的选择直接关系着被摄体中，各景物在画面上所占的位置、大小、远近、高低等，它对构图效果起着重要的作用。选好拍摄点往往是能成为一幅好作品的关键所在。

一、拍摄距离

拍摄距离是指从拍摄点到被摄体之间的距离。在拍摄方向、拍摄高度不变的情况下，拍摄距离对构图的影响有以下几点：影响被摄主体在画面中影像的大小、影响摄影画面的透视效果、影响色彩、影调和清晰度、影响被摄体的主体形态。

随着拍摄距离的改变，能形成各种不同的景别。景别的确定是摄影创作构思的重要部分，景别的变化带来了视点的变化，它能满足观众从不同视距、不同角度观看景物的心理要求，摄影师要根据画面主题的要求和摄影意图的需要来确定景别。

决定摄影画面所包括范围大小的因素与三点有关：一是被摄对象至摄影者之间的距离；二是拍摄所使用的镜头焦距的长短；三是被摄对象在画面内纵向空间位置的变化。比如，当被摄对象与摄影机镜头轴线形成纵向方向运动，如果主体是由远而近接近摄影机，画面上的主体越来越大；反之是越来越小。变化景别的三种因素，在实际拍摄中有时是单独使用，有时是两种甚至三种方法结合在一起同时使用。

根据画面范围的大小，通常把景别分为远景、全景、中景、近景和特写几种形式，各种景别分别承担着不同的表现作用。在影片《弱点》中，就包含有五种景别的画面，下面将逐个进行分析。

1. 远景

远景是表现开阔空间的画面。远景包括的景物范围很广，画面的信息量也大，可以提供较多的视觉信息，通常以人物占画面很小的区域为标准，参见图4-32。远景画面有利于向观众展示被摄场景总的印象，表现大的气势和气氛，以景物为主体的远景画面，还具有借景抒情的意味。远景画面要从大处着眼，注意整体气势感，被摄主体的细部不能明显表现。

图4-32 影片《弱点》片段截图（一）

2. 全景

画面中是以完整地包容某一事物或某一具体对象，表现一个相对完整意义的场景画面被称为全景画面，通常以人物在画面中顶天立地为标准，参见图4-33。在拍摄全景时，要确保主体形象的完整，因而在拍摄人物或场景的全景时，应将其形态的全部外沿轮廓线收进画面。在拍摄时应注意在全景画面中各元素之间的关系，防止喧宾夺主，通常全景画面中的主体形象应当明确且鲜明和醒目。

图4-33 影片《弱点》片段截图（二）

3. 中景

中景是只包容某一事物或某一具体对象的局部范围的画面。通常以包含人物膝盖以上或腰部以上的画面为中景，参见图4-34。

图4-34 影片《弱点》片段截图（三）

中景画面的特点是以表现某一事物的主要部分为中心，常常以动作情节取胜，环境表现降到次要地位，拍摄人物主要表现人物手臂的活动范围；中景画面可以表现物体内部最富有表现力的结构线；中景可以使观众看清人物之间的关系和情绪交流，常常被用来作叙事性的描写。需要注意的是，拍摄中景应注意掌握好画面的大小分寸。比如拍摄人物时注意只将人物膝盖以上部分收进画面，不要过大或过小。

4. 近景

近景通常是表现人物胸部以上或物体局部的画面，参见图4-35。

图4-35 影片《弱点》片段截图（四）

近景可以近距离地表现被摄对象更多的细部及主体富有表现力的局部，能很好地表现出人物的面貌与表情，是刻画人物性格的主要景别。近景画面容易给观众留下具体而深刻的印象，可以拉近被摄人物与观众之间的距离，容易产生交流感。需要注意的是在近景画面中背景的作用已大大降低，构图时背景景物应简洁，避免杂乱，以免喧宾夺主。

图4-36 影片《弱点》片段截图（五）

5. 特写

特写画面的空间范围小于近景，让被摄对象的某一局部充满画面，只表现被摄对象的某一细部，突出事物的细部特征，从而达到透视事物的深层，揭示事物的本质的目的，若拍人物通常以面部细节或手部细节为标准，参见图4-36、图4-37。

图4-37 影片《弱点》片段截图（六）

特写画面从细微处来揭示物体的特点，能够给观众留下很深的印象。比如可以通过眼神或手的动作来表现人物的内心情感，揭示人物多样的心灵世界。需要注意的是，拍摄特写画面的构图一定要饱满，并要严格控制曝光量，画面曝光过度或不足都会直接影响物体质感的表现和画面色彩的饱和度。

不同的景别具有不同的特点，应根据被摄对象的特点以及表现的需要来选择适当的景别。在短视频拍摄中，更应根据情节发展和对人物心理描绘的需要加以选择运用。

二、拍摄方向

拍摄方向是指摄影机和被摄体之间的水平方向性关系。以被摄体为中心，在同一水平线上围绕被摄体四周选择拍摄点，如正面方向、侧面方向和背面方向。

1. 正面方向

正面方向即相机正对被摄主体的正面，在影片《教父》中，为了表现教父的面部细节，使用了正面方向拍摄，参见图4-38。这种方向有利于表现主体的正面形象，擅长表现对称美，能产生庄重、威严、静穆之感。不过正面方向也往往会使画面缺乏透视感，也易引起呆板感。

2. 侧面方向

（1）斜侧面方向。斜侧面方向是摄影中运用最多的，斜侧面方向拍摄时，被摄体本身的水平线条会在画面上变成一种能产生强烈透视效果的汇聚线，因而有助于表现出景物的立体感和空间感。在影片《悲惨世界》中，反抗的人端着枪，斜侧身面对着镜头，通过枪的强烈透视，让人的视线很快汇聚在人物身上，参见图4-39。画面也就随之显得生动，有利于突出主体。

在选择斜侧方向时，值得注意的是“斜侧程度”有一系列变化，这种斜侧程度的变化，甚至稍有变化，往往会使主体形象产生较大变化，因此要注意对比不同斜侧方向的效果，寻找最佳的斜侧方向。

图4-38 影片《教父》片段截图

图4-39 影片《悲惨世界》片段截图

（2）**正侧面方向**。正侧面方向即与被摄主体正面成90° 的侧方向。正侧面方向常用于人物拍摄，其特点是能生动地表现人物脸部，尤其是鼻子的轮廓线条，拍摄人物剪影的最佳方向就是正侧方向，若是拍摄全身则更是注重全身的线条，形成一些寓意和引申。例如影片《地心引力》中的这个画面，将飘浮在航天器里的宇航员比作了在子宫中的婴儿，给航天事业寄予了更多的寓意，参见图4-40。

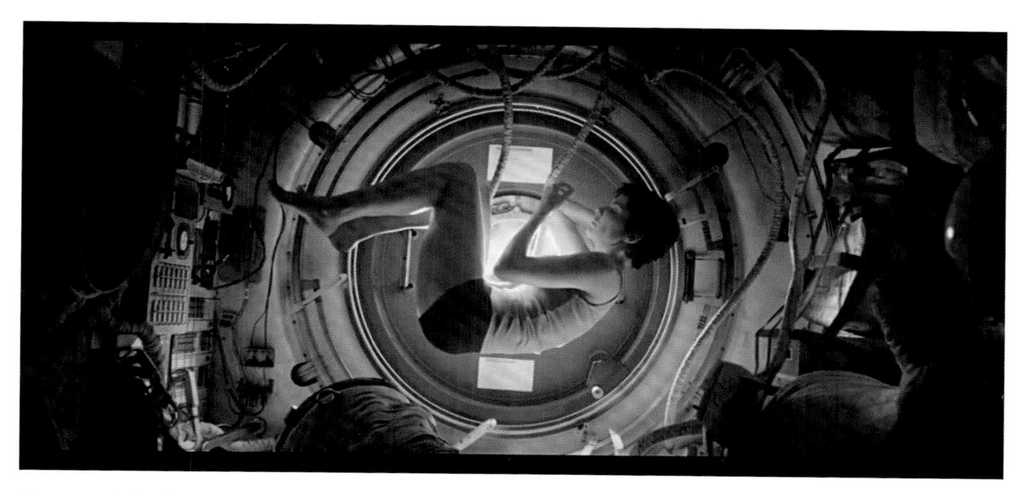

图4-40 影片《地心引力》片段截图

对于拍摄人与人之间的感情交流时，正侧面方向往往有助于表现出双方的神态面目。不过正侧面方向一般不宜拍摄建筑物，会削弱建筑物的立体感和空间感。

3. 背面方向

背面方向是从被摄主体的背面拍摄，这是一种易被忽视的拍摄方向。把它用于人物摄影往往能使主体与背景融为一体，因为画面背景中的景物正是主体视线所注视的，从而也有助于观众联想主体人物面对背景所产生的感受。采用背面方向拍摄人物时，要注意人物的姿势，使人物背影能产生一种含蓄美，让观众引起更多的联想。如影片《悲惨世界》中，沙翁警探监视着劳动中的犯人们，摄影师从背后拍摄，体现了他高高在上、一人独大的状态，是权力的象征，参见图4-41。

图4-41 影片《悲惨世界》片段截图

三、拍摄高度

拍摄高度是指以被摄体为中心，画一纵向圆周，拍摄时在这一圆周上所处的位置。将照相机置于不同高度来拍摄景物。拍摄高度的变化会产生仰摄、平摄和俯摄，从而产生不同的造型效果。

1. 平拍

这是人们最常采用的视角。平拍的相机位置与被摄主体处于类同的高度，特征是镜头朝水平方向拍摄。平拍较合乎人们通常的视线，不会有任何变形现象，看到的景物最自然，因而有助于观众对画面产生身临其境的视觉感受。例如在影片《速度与激情7》中，平角度拍摄和广角镜头相结合，将城市的广阔表现得淋漓尽致，参见图4-42。

图4-42 影片《速度与激情7》片段截图（一）

从传播学的角度来看，如果想要获得理想的视觉传播效果，就要采用平视角度拍摄影像，在影像传递的过程中，让传播的接受者能采用最舒适自然的水平视角来观看影像，是生理学和心理学两方面的共同要求。

2. 仰拍

仰拍的相机位置低于被摄主体的水平高度，特征是镜头朝着向上的方向仰起拍摄，通常来说，为了展现人物高大威猛的形象时会使用仰拍的方法。在影片《速度与激情7》中，为了突出唐老大的勇猛，画面将镜头降低，运用广角的变形，展现了英雄的气息，参见图4-43。

仰视的结果是景物的高大形象被进一步夸大，会出现近大远小和倾斜畸变现象。仰拍有助于强调和夸张被摄对象的高度；有助于夸张跳跃动体的向上腾跃，有助于表现人物高昂向上的精神面貌，可以表现出拍摄者对人物的仰慕之情。在室外采用仰拍还能最大限度地把被摄体衬托在天空之中，从而使画面具有一种豪放之情。用仰角拍摄的景物，离镜头较近的显得宽而大；离镜头较远的则变得窄而小，景物两边的线条随着距离的增加而向内汇聚。仰拍时要注意避免镜头过仰，否则会引起景物的明显变形，这在拍摄中、近景人物时尤应注意。

图4-43 影片《速度与激情7》片段截图（二）

3. 俯拍

俯拍的相机位置高于主体的水平高度，特征是镜头朝下拍摄。在影片《速度与激情7》的末尾，为了致敬保罗·沃克，导演安排了两辆车分道扬镳的场景，一个鸟瞰镜头展现了环境的全貌，烘托了悲伤告别的气氛，催人泪下，参见图4-44。

俯角的视觉效果与仰角正相反，它能将景物压缩得看起来更加矮小。俯拍的最大特点是能使前、后景物在画面上得到充分展现。俯拍有助于强调被摄对象众多的数量、盛大的场面，有助于交代景物、人物之间的地理位置，有助于画面产生丰富的景物层次和深远的空间感，也有助于展现大地千姿百态的线条美。

图4-44 影片《速度与激情7》片段截图（三）

第五章
运动摄影

“运动摄影”，一般在短视频创作中理解为“摄影机的运动”。和情节剪辑一样，摄影机的运动是电影和短视频区别于绘画，图片摄影及其他平面视觉艺术的最根本的特征之一。摄影机的运动通常归结为画面外部的运动，因为它完全是由于摄影机的外部运动所造成的运动效果和画面变化。但运动摄影不仅仅是单纯的画面关系的变化，移动过程的本身也是有重要意义的。摄影机怎么运动，运动的速度是快是慢，运动的节奏和演员表演节奏之间是什么关系……等等，这些问题都会影响到运动镜头带给观众的直观感受，而这些感受的变化通常归因为摄影机运动所带来视点的变化所导致的。

自从格里菲斯将摄影机从单一的固定机位中解放出来以后，运动摄影在电影视觉艺术中所占据的比重越来越大。在当今短视频制作的过程中，运动摄影的应用也越来越频繁，这些运动镜头的设计通常是由导演及摄影师讨论得出的最终结论。它不仅可以使画面在这五到十分钟的时间里更加活跃流畅，同时更能帮助观众在短时间内更好的解读作者所表达的感情。本章讲述摄影机的动态移动的方式，以及这些方式在实际拍摄中所产生的效果。

摄影技术刚刚被发明的时候，摄影机只有固定的方式来记录当时发生的事，如被熟知的经典作品《工厂大门》，之后随着人们意识的进步发展出现了蒙太奇理论，带来了影视作品中剪辑的概念。随着摄影技术的发展，影视作品的时长在逐渐增加，人们发现单调的固定镜头的拼接开始变得单调，不足以吸引观众观看完整部影片，运动摄影的手法应运而生。

现在，最基础的运动摄影手段被摄影前辈们一步一步规范，并归纳总结为：推、拉、摇、移、升、降、综合运动等几种方式，这些最基本的运动方式是我们当下拍摄中最常应用的几种手段。在实际拍摄中，摄影师需要借助一些移动摄影工具来实现这些运动。

第一节　推、拉镜头

从定义入手，推镜头是指摄影机与被摄主体垂直或成一定角度，通过向前直线移动摄影机，使拍摄的景别从大景别向小景别变化的拍摄手法。相对应的，拉镜头是指摄影机与被摄主体垂直或成一定角度，通过向后直线移动摄影机，使拍摄的景别从小景别向大景别变化的拍摄手法。推镜头一方面把主体从环境中分离出来，另一方面提醒观众对某个细节的注意，强化了画面中的视点。相反的，拉镜头把被摄主体在画面中由近至远、由局部到整体地展现出来，交代被摄主体与环境的关系。

镜头的推拉运动一般在短视频的创作中起到两种作用。第一个作用是通过推拉镜头的方式可以使画面变得更加活跃，达到吸引观众视觉的目的。这样的例子数不胜数，大家可以在平时的观看中留心观察。第二个作用是推拉镜头往往带有感情色彩，可以帮助观众走进故事，感受作者想表达的感情，给人身临其境的现场感。例如在电影《沉默的羔羊》中，见图5-1、图5-2，在女主人公克丽丝·史达琳第一次与变态杀人狂汉尼拔见面并对话的镜头中，二人的正反打单人镜头都采用了推镜头的运动方式，开始时两人的景别均为近景，但随着汉尼拔一步步攻破克丽丝·史达琳的心理防线，景别在两人的跳切中逐渐变为了面部的特写。推镜头一步步通过汉尼拔面部狰狞的表情让观众感受到汉尼拔内心的变态恐怖。推镜头也帮助观众感受克丽丝·史达琳内心逐渐产生的恐惧，心理防线被一步一步攻破，见图5-3、图5-4。

推、拉镜头基本应用于每一部影视作品中，景别的变化程度和镜头的长度大小虽长短不一，但都代表着故事中情绪的变化。所以在短视频创作中，推、拉镜头同样可以用来表达情绪，但切记不要为了运动而运动，频繁突兀的推拉变化会让人感觉很不舒服。

在实际的拍摄中，推拉运动最常借助的运动工具就是轨道了。轨道可大致分类为轻

图5-1 电影《沉默的羔羊》中推镜头的运用（一）

图5-2 电影《沉默的羔羊》中推镜头的运用（二）

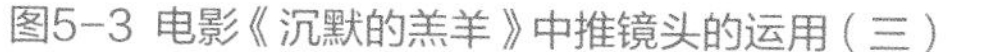
图5-3 电影《沉默的羔羊》中推镜头的运用（三）

图5-4 电影《沉默的羔羊》中推镜头的运用（四）

轨和重轨。所谓轻重指的是轨道的重量。轻轨多用于一些小规模的制作，见图5-5；重轨则适用于一些整备质量较大的电影摄影机，根基越稳定则运动越稳定。除了轨道外，从传统的斯坦尼康（Steadicam）到随着科技发展出现的各式各样的电子稳定器，都可以实现推、拉镜头的运动。在短视频拍摄中，往往制作成本不高，空间很小，可以使用一些桌面式的小型设备来辅助摄影师完成推、拉镜头。最为常用的是一种被称为“鲨鱼轨”的小型可组装轨道，它最多可以延长至1.5m，适用于微单、单反等小型拍摄设备，见图5-6。利用轨道完成推、拉镜头的拍摄不是摄影师一个人的事，需要摄影师跟摄影助理沟通好推、拉镜头的时机及速度等，这样才能完成一个带有情绪，适合故事的推、拉镜头。

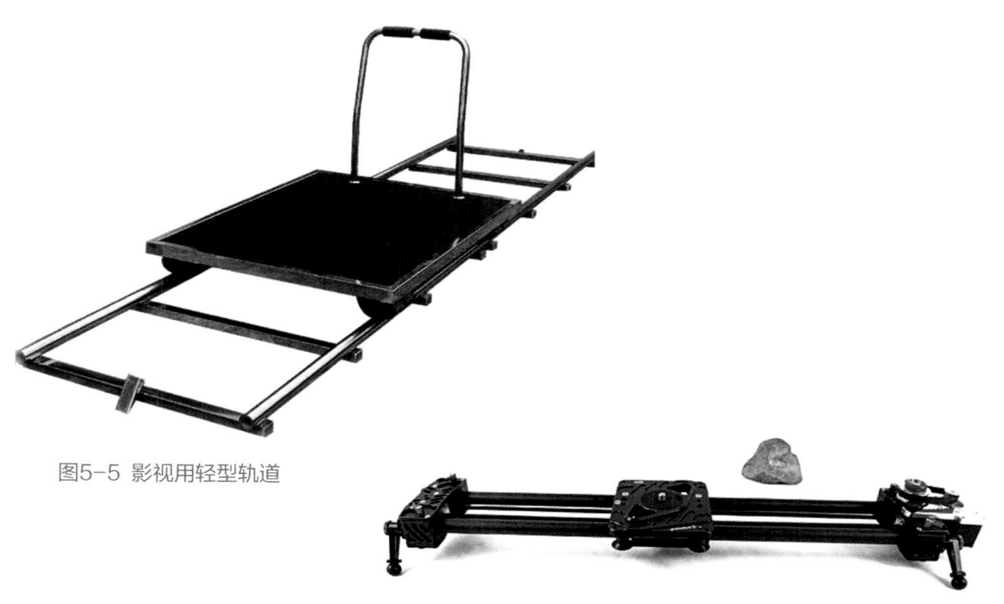
图5-5 影视用轻型轨道

图5-6 鲨鱼轨

第二节　摇镜头

摇镜头是指摄影机相对被摄主体的位置不动，固定在三脚架的云台或其他辅助工具上，只做角度的变化。摇的方向可以是上下摇镜头、左右摇镜头，亦可以是斜向的摇动。摇镜头是运动摄影中最为常用的运动方式，在传统的影视制作中，因为实现最基本的摇镜头不需要借助任何脚架云台外的任何设备，所以摇镜头是最早出现的运动手法之一。摇镜头的方式多种多样，在影视作品中多作为开场引导完成视点的转化，或交代同一场景中不同的元素作展示之用。常用的方式是跟随画面中的某一个视点，通常情况下是画面中的人物，跟随人物的运动进行摇镜头的运动，保持主体在画面中的位置从而交代环境与被摄主体的关系，告诉观众这个人在故事中这个环境下所发生的事件，完成叙事。

如电影《泥土之界》中这个极其平常的叙事镜头，女主人公正在自述婚后的生活中她要做的就是每天做好饭等丈夫回来，配合的画面就是镜头由餐桌上正在准备做饭的蔬菜，向上摇到路过饭桌要去水池放盘子的丈夫。这个镜头的目的就是最基本的配合情节，完成叙事。与一个固定的镜头相比，带着丈夫从交代生活细节的餐桌旁边走过，摇镜头在形式上更加灵活，令影片的节奏更加流畅。从内容上，摇镜头将观众的视点从食材变化到了丈夫身上，相比于一个没有视点变化的全景镜头，摇镜头让观众更清晰的获取了摄影师所想表达的点，且变化的节奏和视点不会让观众在长达两小时左右的影片中过早的疲惫，见图5-7、图5-8。

在实际的短视频拍摄过程中，摇镜头讲究的就是运动的顺滑，切忌摇的磕磕绊绊，速度一会快一会慢，绝不要让人感觉你是在追着被摄主体在运动，跟不上了再快点，快超过他了再慢点，而是要始终跟随他的动势平滑地摇动。摇镜头的拍摄技巧没有捷径，多拍多实践，手感节奏自然而然地就有了。使用更高的云台能帮助摄影师摇得更顺滑，

图5-7 电影《泥土之界》中摇镜头的运用（一）

图5-8 电影《泥土之界》中摇镜头的运用（二）

在平日不拍摄时可以练习试着用最差的云台，在没有阻尼的辅助下去跟随墙上的一条直线、表盘等完成摇镜头的拍摄，久而久之拍摄的控制力和手感会得到提升。

第三节 移镜头

移是“移动”的简称。移镜头是指摄影机沿水平做各方向的移动并同时拍摄，以下介绍常用的几种移镜头的拍摄手法。

一、同向移动

顾名思义，同向移动就是摄影机保持与被摄体平行同向的运动。在两者速度大致相同的情况下可以产生跟随的画面效果。这样的镜头通常比较顺滑，前景的变化丰富着画面，主体与后景关系的变化交代着环境的变化。

电影《革命之路》中，开场不久交代了由莱昂纳多所饰演的男主人公日常的工作，用平移镜头拍摄了城市早晨的繁华热闹，见图5-9～图5-11。起幅画面的视点跟随一辆早高峰缓慢行进的轿车平移，随后男主人公过马路，视点由汽车转化为男主人公，镜头跟随他平移向前，过完马路要进入大楼时结束。平移的镜头配合视点的变化，让观众清晰且不单调地获取了摄影师这个镜头想表达的主体内容，同向移动中前景人物的变化丰富了画面，增加了画面的层次。同向移动中

图5-9 电影《革命之路》中移镜头的运用（一）

图5-10 电影《革命之路》中移镜头的运用（二）

图5-11 电影《革命之路》中移镜头的运用（三）

后景环境跟随视点的变化也一直在不断变化，交代了喧闹的环境。

在短视频拍摄中，可以运用同向平移的用法，一个过场镜头在交代主体与环境的同时还可以让画面更丰富、更好看，一举两得。

二、“过前景”移镜头

“过前景”这个说法比较通俗，指的是在移镜头的过程中经过某个固定不动的前景，或者运动起幅时摄影机藏于前景之后，运动开始后逐渐离开前景的遮挡，其实目的是为了丰富画面的层次。同时，运动是相对的，如果你在一个纯白色背景下跟随被摄主体移动，无论你怎么移动，移动得再快，画面中也不会有移动的效果，所以前景的存在让运动有了一个可视的参考，同时也获得了视点，使得运动在画面中更加明显。对于追求速度感的运动镜头来说，前景的相对运动可以加速镜头的运动感。追求画面美观的镜头，前景的存在丰富了画面的层次，增加了画面的结构性。

此类“过前景”手段频繁用于汽车广告及动作电影的追逐戏中，通过前景有规律或快速的变化，来体现车辆飞驰的速度感，让观众的感受更加惊险刺激。在影片《007 幽灵党》中就多次运用“过前景”移镜头，见图5-12。

在短视频的创作中，过前景的移镜头固然好用，但是不要一味地去使用这一种方式。在适合使用的环境中去设定机位，可以寻找有结构的、适合的前景来完成镜头。所谓的适合指的是层次与纵深，光有前景是不够的，中景、后景一定也要丰富，再结合适合的光线与色彩搭配，所获得的一定是舒服的画面。

图5-12 电影《007幽灵党》中移镜头的运用

三、跟镜头

跟镜头的定义很简单，即摄影机始终跟随被摄主体进行拍摄，使运动的主体一直保持在画面中，跟镜头在实际应用中主要分为正面跟拍、侧面跟拍、背面跟拍等。跟镜头的应用也十分常见于影视作品中，两个人边走边对话时，因为这些对话内容往往是在叙事，推动故事的发展，所以形式不能过于单调。跟拍的方式可以让画面一直保持运动，环境的不断变化也让观众把视点集中在演员身上，同时更注意他们所说的内容。

最开始的跟拍受限于辅助器材，只能在轨道上进行跟随，但这也限制了跟拍的距离和灵活度。直到20纪70年代由美国人Garrett Brown发明了斯坦尼康（Steadicam），这是一种通过物理原理维持摄影机稳定实现相对平滑运动的辅助设备，早期比较具有代表性的片段是大师库布里克的电影《闪灵》中小男孩在迷宫里奔跑的那一段戏，见图5-13。同时经典电影《鸟人》也使用了斯坦尼康和手持拍摄相结合的方法，见图5-14。刚发明的时候由于没人会使用且价格昂贵不被青睐，但现在随着影视行业的发展，斯坦尼康已经普遍应用于电影电视产业，并跟随科技的发展衍生出各种改进的电子稳定器，比如大疆如影（Ronin）（见图5-15）或Freefly Movi。现代的电子稳定器更容易上手，使用的门槛更低，能较轻松的实现平滑稳定且更长距离的移动。

图5-13 电影《闪灵》拍摄中的斯坦尼康

图5-14《鸟人》拍摄花絮

图5-15 大疆 Ronin2

在短视频的实际拍摄中，跟镜头应该注意些什么呢？拍摄前，可以找一些已有的影视作品案例作为参考。根据自己的短视频需求来制定景别、气氛、光效等一些元素，其次需要确定稳定器的型号。市面上稳定器的型号种类繁多，在拍摄前应根据需求，以及摄影机的型号、重量等因素来考虑合适的稳定器型号，例如是否需要上车拍，是否需要上摇臂作为遥控头等一些实用性的问题。同时选择可以熟练操作的型号，这样在现场遇到一些问题时可以快速地解决。最后，在拍摄中应当注意运动的平滑稳定。在没有特别调度的情况下，注意通过保持与被摄主体的距离，以保持主体在画面中景别及位置的稳定。另外，如果是正跟拍摄的话，摄影师一定是后退着前进，由于注意力都在画面上，不会注意到身后的路况，这样会很危险，所以一定要请摄影助理在后面保护好安全。

四、反向移动

反向移动是跟拍的一种衍生方式，实际拍摄中习惯称之为“对冲”。传统的跟拍摄影机总在维持与被摄主体的关系，配合其移动的方向和速度运动，画面有时会略显得有些单调。但是如果摄影机与被摄主体运动的方向不同，就能给画面增强一些动感及对立感，为画面增加一些额外的活力。这种方式常常被用于汽车类、运动类广告的实际拍摄当中，突出其拍摄主题的运动感。当摄影机的运动与主体运动方向相反时，背景的移动速度会更快，自然而然地从视觉上会给人更强的冲击感。在短视频制作过程中，如果有类似的题材，可以适当地尝试一下这种手法，可能会有意想不到的效果。

第四节　升降镜头

升降镜头的运用相信大家都不会陌生，在世界杯的转播中，相信大家都能看到双方球门背后各设立一个摇臂摄影机机位。每一次球员射门时，摄影机都会从球门上方降到门网后完成一个行程的拍摄，这就是最常用的升降镜头的运动方式之一。除了体育赛事拍摄，升降镜头在各个题材拍摄的应用还有很多。

言归正传，回到影视制作中的升降镜头。升降镜头指的就是字面上的意思，利用摄影机的上下运动进行拍摄，借助摇臂等升降拍摄的辅助设备，达到用三脚架等一些地面支撑设备所无法实现的高机位拍摄，增加了摄影机运动的维度，见图5-16。

图5-16 电影《至暗时刻》中利用摇臂进行拍摄

一、升镜头

升镜头由于机位很高，在展现一些气势恢宏或较大规模的物体或事件时，可以让观众更加直接地感受到被摄主体的气势与规模。由于升降镜头提供了摄影机在垂直方向上的运动维度，所以从画面上讲，升降镜头就为画面提供了一种透视上的变化，有利于表现纵深空间上的关系。这个道理很简单，在队列里你的个子很矮，就只能看到前面的人的后脑勺。但如果你比其他人都要高，就能看到长长的队列究竟还要排多久。所以在短视频的拍摄中，遇到一些有规模的且具有一定空间透视关系的被摄主体时，可以尝试升降镜头的使用，强化画面的透视感。

相信大家在看电影的时候不难发现，很多电影的结尾处会以一个小景别的主体比如主人公作为起幅，随着音乐的情绪慢慢升起的镜头，最后在一个较大景别的画面结束影片。法国导演吕克・贝松在他的经典作品《这个杀手不太冷》中就是用这种方式结尾的，见图5-17、图5-18。镜头从结构简单的全景开始，女孩玛蒂尔达在学校的后院种下里昂牺牲自己保护下来的代表两人数年友谊的绿植，随着背景音乐，镜头慢慢上升到人物只在画面中占很小比例的大全景时结束。缓缓上升的镜头帮助观众感受到女孩玛蒂尔达内心情绪的变化，之前和里昂一起的日子已经不可能再回来了，她只能独自面对未来的日子，一切都是未知，最后定格的大全景也体现出一个小女孩在大世界的渺小，可以说这个升镜头的使用相当的巧妙。

在同样经典的电影《肖申克的救赎》中，也有升镜头的使用，见图5-19、图5-20。从紧贴肌肤到成为自然的一角，从紧凑饱和的画面升至浩大的雨夜全景，观众仿佛设身处地地感受到男主人公安迪内心的释放。

图5-17 电影《这个杀手不太冷》结尾处的升镜头（一）

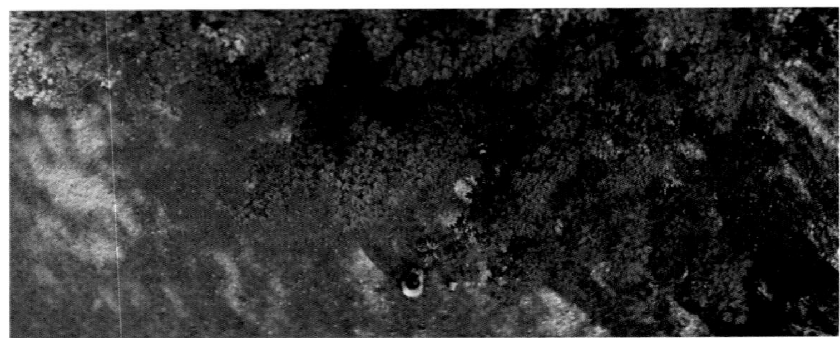

图5-18 电影《这个杀手不太冷》结尾处的升镜头（二）

图5-19 电影《肖申克的救赎》中升镜头的使用（一）

图5-20 电影《肖申克的救赎》中升镜头的使用（二）

二、降镜头

在实际的拍摄中，摇臂的另一种用法，就是用来拍摄出平顺的升降镜头。除了跟随被摄主体运动所要求的摄影机升降，一种主流的升降镜头使用手段就是用在一场戏或是一部影片的开头。这样的镜头往往是降镜头，首先交代环境和大的景观，随着镜头缓缓下降，主角就会出现在画面主体的位置，这样的镜头好处在于观众一眼就可以抓住出现在环境中的人物，人物的主体地位也能快速的、只通过一个镜头就建立起来。

在电影《布达佩斯大饭店》中，就有一个典型的降镜头，参见图5-21，图5-22。在这个镜头里，旁白从"布达佩斯大饭店"这间酒店交代到现任的酒店经理"让先生"，在旁白叙述的过程中，镜头从酒店柜台后的环境下降到人物，人物所处的位置被交代得非

图5-21 电影《布达佩斯大饭店》中降镜头的使用（一）

图5-22 电影《布达佩斯大饭店》中降镜头的使用（二）

常清晰，观众立刻就能产生“这个角色是一个酒店经理”的印象。在影视制作中，由于画面的画幅限制，有时无法用固定镜头交代所有的信息点。那么这个时候升降镜头就大大方便了制作者。尤其这样的镜头画面不仅具有稳重感，有时还会有一种活泼生动的特质在里面。不同于摇镜头的是，升降镜头中画面的透视和摄影机在俯仰角的位置是不会改变的。

第五节　运动镜头的综合运用

摄影是一门综合性的技术，镜头的运用不是单一的，有些时候单一的运动方式不能满足故事叙事的需求，这就需要摄影师灵活地将多种镜头运动结合在一起恰当使用。 比如在美剧《纸牌屋》里，几乎所有的推拉镜头都会搭配升降镜头一起使用，在推拉的过程中为了保证主角的面部一直在画面内，这些推拉镜头同时搭配上升降镜头，还可以保证画面的透视关系不变，不会出现本来是个平视的角度，推到特写之后就变成了一个难看的仰角画面。镜头运动组合起来使用，得到的直接结果就是画面更加生动，可看性更强。

镜头运动的主要作用是帮助观众理解剧情、强化剧情中的情绪部分，通过外化的镜头运动映射出内在的人物性格，以此来扩展视听语言的宽度。复杂的镜头运动使用不得当的话，往往会造成喧宾夺主的感觉。所以，使用得当的镜头运动组合往往会跟场面调度结合起来。在场面调度设计合理且相对复杂的情况下，如果想要在一个镜头中表达一个相对完整的调度过程，那么就比较适合用多种镜头运动方式相组合的手法。

例如在电影《杀死比尔》的运动镜头中，参见图5-23～图5-26，女主角从饭店大堂窥视反派的黑帮群体起身，进入洗手间做向黑帮开战前的准备工作。画面从一个跟着女主角行动路线的平视视角的移镜头开始，镜头缓缓上升，这时紧张感就在镜头上升带来的特殊视角里建立起来。接着女主角走过长长的通道进入到洗手间的这个过程，一直是一个俯拍的“上帝视角”，虽然是一段平静的路程，但特殊视角带来的紧张感会让观众感同身受地体验到刺激和不稳定的感觉。在女主角走进洗手间之后，镜头又随着人物走向隔间缓缓下降，紧张的气氛似乎又放松了下来。最终镜头回到了平视的视角，定格在人物走进隔间之后的动作。不仅是整个连续的运动长镜头的结束，而且也为之后的剪辑做

图5-23 电影《杀死比尔》中运动镜头的综合使用（一）

图5-24 电影《杀死比尔》中运动镜头的综合使用（二）

图5-25 电影《杀死比尔》中运动镜头的综合使用（三）

图5-26 电影《杀死比尔》中运动镜头的综合使用（四）

出了微妙的贡献，不至于没有切点。

这个运动镜头简直就是镜头运动组合的范例，拍摄角度从平视视角到俯视视角再到平视视角，随之镜头运动从移镜头变为升镜头和摇镜头相结合，然后按照人物的行动路线使用了一个移镜头，接着降镜头的同时继续摇镜头。根据场景空间走廊设计出合理的场面调度，在场面调度的基础上又设计出足够有感染力的镜头运动。同时这还是一个长镜头，不仅保证了观众在观看这个镜头时情绪不会被切断，还“推波助澜”地让观众对主角的动作印象一点点加深。不仅如此，作为影片中的一个镜头，在拍摄时还充分考虑到给前后的镜头留出了剪辑的空间。

对于短视频制作者来说，类似的镜头运动组合非常值得学习。现在由于航拍器、手持稳定器等拍摄设备的发展，类似的镜头也不难创作。在国外一些短视频的创作中，一些常被拍摄的内容是像跑酷、滑板、小轮车一类的极限运动，在拍摄这种快速、大范围的运动时，镜头运动的组合便可以帮上很大的忙。熟练掌握镜头运动，并将之组合起来加以使用，短视频的画面质量就会得到很大的提升，画面也会变得十分生动。

第六章

光线造型

第一节　光线的方向

摄影是用光的艺术，光线是影像创作的灵魂和核心。

不论是短视频还是电影，在拍摄的时候用光的方式具有一致性。只有在充分了解光线如何对画面的气氛进行塑造的基础上，才能正确地使用和利用光线，更好地进行短视频创作。

当确定被摄主体和摄影机的位置后，依据光源的投射方向和摄影机之间所形成的角度，大致上可以将光线分为顺光、前侧光、侧光、侧逆光和逆光五种。此外，依据灯光所处的垂直面的位置还可以将光线分为顶光和脚光等。

如何判断光线的方向？这需要根据被摄主体的影子来判断，因为光在空气介质中是沿直线传播的。除此之外，可以通过影子的长短判断灯位的高低，通过影子的清晰程度判断光源光质的软硬。

一、顺光

当光源照射方向和摄影机的拍摄方向一致或是基本一致时的光线叫顺光，又称为正面光。顺光照明可以使被摄体受光均匀，阴影被遮挡在被摄主体自身的后面，在画面上的构成上没有明显的明暗光线关系，有利于消除不必要的投影。

图6-1 电影《机械师》中顺光的应用

拍摄皮肤比较粗糙或者年龄较大的演员时，顺光照明可以消除演员本身因年龄所形成的皱纹。但是顺光照明并不是万能的，顺光不利于表现被摄体的立体感和质感，容易使画面影调较平，景物及被摄体缺乏一定的立体感，完全依赖于自身的轮廓形式，参见图6-1～图6-3。在图6-1中，顺光的应用

图6-2 电影《赎罪》中顺光的应用

图6-3 广告作品《纪梵希面膜》

增强了人物恐惧的心理；在图6-2中，光线并不是全部“铺在人脸”，而是通过对光线的遮挡使顺光形成了一道光束，令画面富有韵味；在图6-3中，顺光照明很好地反映出女演员白皙的肌肤质感。

二、前侧光

光源的投射方向与摄影机的拍摄方向约成45°角时的光线叫前侧光。当被摄体受前侧光照明时会产生丰富的明暗过渡的影调层次，有利于增强被摄体的造型感和立体感。在实拍中，经常使用前侧光的光位作为被摄体的主光，参见图6-4、图6-5。

在图6-4中，前侧光照射在男孩的脸上，形成了丰富的影调层次，画面细腻，立体感强。在图6-5中，前侧光照明增强了画面中的人物的立体感和造型感。

图6-4 电影《雄狮》中前侧光的应用

图6-5 电影《革命之路》中前侧光的应用

三、侧光

光源投射方向与摄影机的拍摄方向约成90°角时的光线为侧光。使用侧光照明会使画面的明暗及反差关系增大，但画面会缺少细腻的影调层次。虽然侧光不常用于表现人物脸部的造型感，但是侧光有时候可以表现某种特殊的环境气氛，参见图6-6。在图6-6中，是典型的侧光应用，但是画面中人物面部的反差较小，由于加入了辅助光，减小了光比，画面的影调层次较细腻。

图6-6 广告作品《苏宁易购年货篇》中侧光的应用

四、侧逆光

光源投射方向与摄影机的拍摄方向约成135°角时的光线称为侧逆光。使用侧逆光照明可以较好地反映出景物的轮廓。因为侧逆光的特质，被摄体正面暗部面积较大，容易制造画面的气氛，同时也有利于表现丰富的景物层次。

在实际拍摄人物时往往在侧逆光的基础上，给人物正面加上一些适当的辅助光。如果侧逆光作为主光，辅助光的亮度不可以超过侧逆光，否则会造成虚假的“人工痕迹”，参见图6-7～图6-10。

图6-7 电影《与神同行》中侧逆光的应用

图6-7的侧逆光很好地表现了人物面部细腻的质感。图6-8的侧逆光所形成的

图6-8 电影《末路狂花》中侧逆光的应用

图6-9 广告作品中侧逆光的应用

图6-10 电影《革命之路》中侧逆光的应用

百叶窗影子，丰富了画面的光影质感。图6-9的侧逆光很好地表现了女演员细腻的皮肤质感。图6-10侧逆光的应用令画面变得鲜活，因为光线散射的存在，机位前的区域较后景“黑”，画面中丰富的明暗层次很好地营造了空间感。

五、逆光

光线的投射方向与摄影机的拍摄方向相反，约成180°时的光线为逆光。逆光可以很好地塑造景物轮廓，使被摄体和背景分开，在画面的构成上形成了明显的明暗反差，适合表现景物层次和空间的透视。

逆光可以修饰人物轮廓的造型，并且在正面辅助不同亮度的散射光照明，可以使画面产生不同的明暗反差关系。例如形成人物的剪影状态、半剪影状态等不同的效果，参见图6-11～图6-14。

图6-11的逆光画面营造了一幅“特殊的画面”，孩子在窗帘后温馨地玩耍，而沙发上的母亲显得劳累，通过对逆光准确地控制让画面表达出更多的叙事信息。图6-12强烈的

图6-11 电影《塔利》中逆光的应用

图6-12 电影《嫌疑人X的献身》中逆光的应用

图6-13 广告作品《国家品牌计划—爱玛电动车》中逆光的应用

图6-14 电影《暴裂无声》中逆光的应用

逆光形成了剪影，画面体现着一个人行走的孤独。图6-13中，逆光对镜头产生了眩光，画面呈现低反差的状态，营造了一种特殊的美感。图6-14中，画面充斥着大量的黑，洞口的逆光勾勒出山洞的形状和人物的姿态。

六、顶光

从被摄体上方投射来的光线为顶光。在顶光照明的条件下，往往会形成较大的明暗反差，画面影调缺少层次。

在拍摄人物特写使用顶光照明的时候，往往会使人物颧骨突出，眼窝下陷，会丑化人物形象。所以在没有特定人物形象要求的情况下，一定要避免使用顶光照明拍摄人物。不过，在影视创作中，由于顶光照明往往会造成较大的反差，有时可以表现出特定的环境气氛，参见图6-15～图6-17。

图6-15 广告作品《腾讯大王卡》中顶光的应用

图6-16 电影《严肃的男人》中顶光的应用

图6-17 电影《毁灭之路》中顶光的应用

图6-15是顶光在广告、短视频中的应用。这是一条“病毒视频”[1]，强烈的顶光营造了一种强烈的戏剧感，用于“破坏”视频整体的节奏，有利于广告核心权益的传达。图6-16中，顶光的应用模拟实际光源，同样表现着一家人围在一起吃饭的气氛。图6-17中，顶光的应用营造了一种肃静冷酷的气氛。

七、脚光

从被摄体下方投射来的光线为脚光。脚光照明被摄体时，会形成特殊的视觉效果，与此同时也会带给观众异常的感受。脚光照明多用于表现特定内容的特定光效，例如烛火、油灯等；或者渲染特殊气氛，如悬疑，惊悚，或者丑化人物形象，同时脚光也可以修饰人物的眼神、衣服等。在拍摄产品静物时，脚光经常应用于表现玻璃器皿的立体感和空间感，增强画面的美感，塑造特定的造型效果，参见图6-18。图6-18中的脚光也是“烛火”，是道具光的应用，符合场景的真实气氛。

在影像创作中，不论光线是自然光还是人工光，光线方向都是上述的几种形式。由于每种光线的效果不同，摄影师应该选择最合适的光线角度去表现环境或塑造人物。特别是表现一些重要的场景，为了形成特殊的气氛，表现重要的造型，都应在光线的形式上作出强调和突出的作用。

图6-18 电影《赎罪》中脚光的应用

[1] “病毒视频”（Viral Video），可以被视作“病毒传播”的最新形态。“病毒视频”指视频上传到视频分享网站时，观看次数短时飙升，就像病毒一样在网络上广泛传播的爆红视频。

第二节 光线的强度

不同的光线强度决定着不同的画面影调层次。影调是构成银幕形象的基本元素。是画面构图、形象塑造、气氛和情绪传达的重要手段。在影像创作中，光的造型作用主要体现在塑造被摄景物层次、质感、空间、色彩等诸多方面，创造出富有表现力和艺术感染力的形象。

在短视频的创作中，不同类型的视频的阶调关系是不一样的。例如当拍摄美妆产品时，往往选择拍摄亮调画面以衬托产品通透干净的质感。当在拍摄叙事类较强的短视频时，往往会较多拍摄低调或者大反差的画面，因为这样的画面往往容易出气氛。

光线强度的不同构成了画面多种不同的阶调关系。依据画面中明暗部分所占比例的不同，可将其分为高调、低调和中间调。在这三种阶调基本上，进一步将画面影调分为硬调、软调和中间调。

一、高调

高调是以浅灰至白色及亮度等级偏高的色彩为主构成的画面影调，又称亮调、明调。高调画面一般多用于表达特殊的心理情绪，如幻觉、梦幻、欢乐、抒情、想象等。

在短视频的创作中，拍摄高调画面需要注意以下几个问题：

（1）**运用胶片特性的中间部到肩部**。如图6-19所示，依据胶片特性曲线，所以我

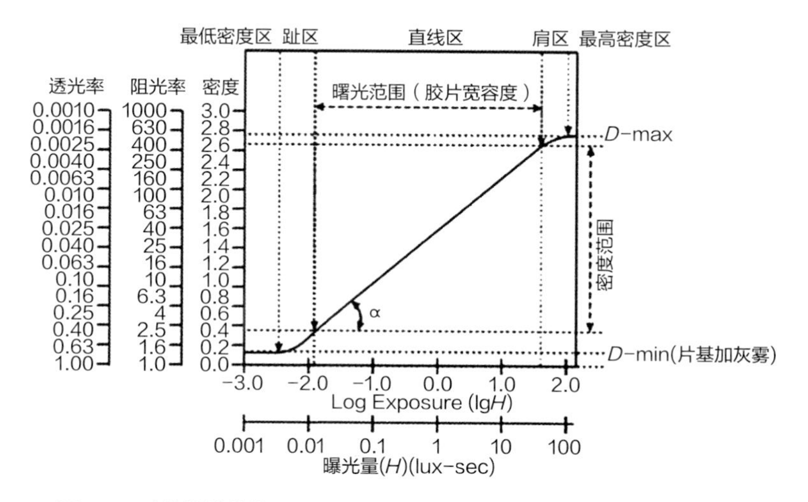

图6-19 胶片特性曲线图

们在拍摄高调画面时要“向右曝光”，画面曝光分配以中间部（直线部）、肩部为主，少有趾部。

图6-20 电影《机械师》中高调的应用

（2）在拍摄高调画面时，我们要注意在画面的构成中添加少量的“黑”元素或者色彩亮度等级偏低的色彩。只有这样做，画面中的亮部在对比中才能更突显，画面的影调层次更丰富、更生动。如果没有少量“深色”元素的使用，画面会偏“灰”，不能构成高调的效果。如图6-20所示，人物穿了黑色的衣服，是画面中少量的“深色”和“趾部”元素，因为“黑”元素的存在，反衬出画面的高亮。

图6-21 广告作品《欧诗漫》中高调的应用

（3）拍摄高调画面多采用亮的背景和景物，多运用散射光照明。使用直射光照明要注意光源的投射方向，同时注意主体与背景、主体与陪体之间的区分。如图6-21所示，画面中并没有明确方向的光线，但是其亮背景和亮景物使画面高亮。

二、低调

低调是由灰到黑及亮度等级偏低的色彩为主构成的画面影调，也称暗调。低调画面多用于表现深沉、压抑、苦闷、紧张、惶恐等心理情绪或者环境气氛。

在我们的影视创作中，拍摄低调画面需要注意以下几个问题：

（1）运用胶片特性曲线的中间部到趾部的部分。如图6-22所示，依据胶片特性曲线，所以我们在拍摄低调画面时要“向左曝光”，画面曝光分配以中间部（直线部）、趾部为主，少有肩部。

（2）在拍摄中选择深色背景和色彩亮度偏低的景物。如图6-23所示，画面背景色彩较深，亮度等级偏低，符合低调画面的气氛。

（3）多采用侧光、侧逆光、逆光的光线照明方式，利用剪影、半剪影等造型手段构成低调画面的效果。如图6-24所示，利用太阳光密度时刻进行拍摄，以天空为基准曝光

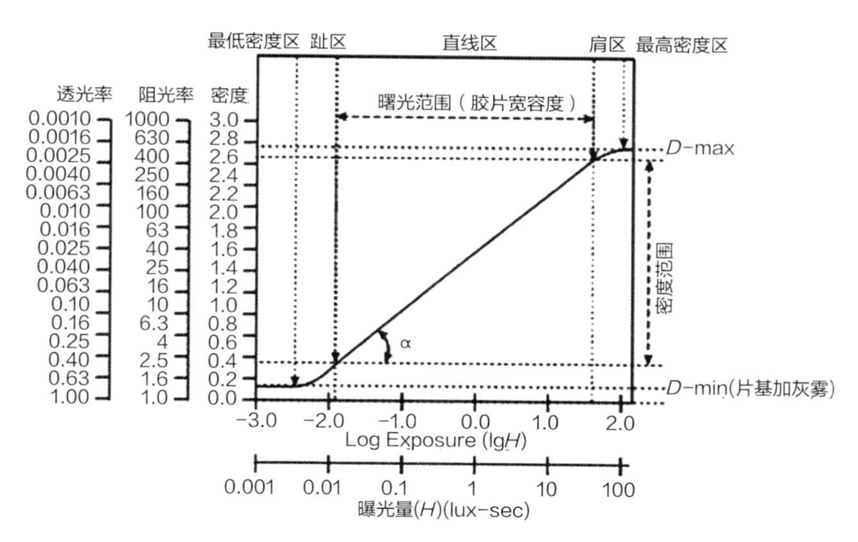

图6-22 胶片特性曲线图

图6-23 电影《毒战》中低调的应用（一）

图6-24 电影《毒战》中低调的应用（二）

点，人物形成了半剪影的状态，符合低调画面气氛。

（4）**在处理低调画面时，应当选择少量的白色，或者亮度等级偏高的色彩，用来反衬出画面的大面积的暗色调，增加画面层次。**如图6-25所示，画面中的“月光”不仅仅是画面中“亮”的色彩，同时也勾勒出人物的形态，反衬出画面的“黑”，符合低调画面的气氛。

图6-25 电影《毒战》中低调的应用（三）

三、硬调

硬调具有明暗对比和色彩对比强烈鲜明的特点，但是硬调在影调层次和色彩过渡上有所缺失。同时，在拍摄硬调画面时，多采用侧光和侧逆光的照明，在被摄体的受光面和背光面之间产生明显的光影对比，缺少细腻的层次变化，给人粗狂、尖锐的感觉。

不同影调会构造不同的场景气氛。在影视创作中，硬调一般多用于表现残酷、不安、战争等气氛。图6-26和图6-27来自电影《怒》，同样的硬调画面处理，却构成了不同的画面气氛。图6-26是电影审讯室的戏份，冷光的硬调处理，塑造了审讯室严肃、冰冷的环境气氛。图6-27中是同样的硬调光线处理，但是暖色光却塑造了一种温馨、浪漫的环境气氛，硬调的处理让我们感受到阳光的“温度”，有一种让人留恋的美好。

图6-26 电影《怒》中硬调的应用

图6-27 电影《怒》中硬调的应用

四、软调

软调具有明暗对比和色彩对比柔和的特点，在软调画面中往往不出现最亮或者最暗的层次，中间过渡层次丰富细腻，物体的质感表现也十分细腻。

在短视频创作中，摄影师拍摄软调画面多以散射光为主，不会采取直射光的方式，这样可以减少景物投影，或是减淡阴影的暗部。尤其是在运用侧逆光或者逆光拍摄的时候，要注意使用散射光来减淡景物的受光面和背光面形成的大反差，增加丰富的过渡层次。

图6-28和图6-29分别来自电影《咖啡公社》和电影《凯撒万岁》。在图6-28中，摄影师斯特拉罗使用了侧逆光，将女主角金色的头发表现的美丽动人，并且同时有意地

图6-28 电影《咖啡公社》中软调的应用

图6-29 电影《凯撒万岁》中软调的应用

控制了画面的反差，细腻的软调画面很好地表现了女主角皮肤质感。在图6-29中，摄影师罗杰迪金斯在拍摄时有意的控制光比，用软调的画面呈现出了女主角美丽和细腻的皮肤质感。

五、中间调

中间调是影片中最常见的一种影调形式。它有两层含义：一是画面影调的明暗关系，二是画面影调的明暗反差。

中间调从画面影调的明暗关系来看，它处于高调画面和低调画面之间，影调的亮暗是适中的，既不会出现大面积的黑也不会出现大面积的白，明暗影调过渡舒缓。在图6-30和图6-31中，画面构成并没有大量的黑或者白元素存在，是属于中间影调构成的画面。

图6-30 电影《革命之路》中中间调的应用

图6-31 广告作品《国家品牌计划—爱玛电动车》

第三节 自然光

自然光是一种变化多端的光线。因为太阳的位置、高度、方向随着时间、季节、维度、地域等不同情况而不断变化。依据景物受光面被太阳照射的程度不同，可将自然光分为直射的太阳光、天空的散射光和环境的反射光。

日出和日落时段的光线效果是自然光中最为迷人，最令人印象深刻的。在日出日落时刻，光线角度比较低、影调层次丰富，人物造型的立体感强，整个氛围显得特别柔和浪漫。

一、直射的太阳光

自然界中的景物被太阳直接照射被称为直射的太阳光。直射的太阳光是最常见的外景的光线，在影视创作中广泛应用。直射光照射到被摄体上会形成明显的受光面和背光面，有利于刻画被摄体的质感，增加空间纵深和透视感。如图6-32所示，

图6-32 电影《请以你的名字呼唤我》中直射太阳光的应用

直射的太阳光令人感觉到阳光明媚，人物身上具有明显的受光面和背光面，人物质感较好。

二、天空的散射光

天空的散射光是指太阳光线在传播中，经过尘埃和水蒸气等介质，使部分阳光发生反射、折射现象而形成的光线。此时的散射光可以均匀、普遍的从天空垂直照射到地面景物。因此，天空的散射光较为柔和，不能形成鲜明的明暗关系。如图6-33所示，天空是多云，散射光强，并没有明确的直射光线，所以形成了较为柔和的画面调性。

图6-33 电影《哭泣的草原》中天空散射光的应用

三、环境反射光

环境反射光是指太阳光一部分直接照射到景物之上，另一部分太阳光又反射到空间之中，同时又照亮了其他景物，形成了反射状态的光线，被称为环境反射光。但是环境的反射光与直射的太阳光相比是较弱的，所以只能在景物的背光面和阴影中见到。如图6-34所示，太阳光照射在画面后景的公路上，前景躺在椅子上的女人所处在画面阴影的部分，而阴影这部分的光线就是环境的反射光所形成的。

图6-34 电影《末路狂花》中环境反射光的应用

四、日出日落

日出日落时刻的光线被称为Magic Hour。意思是“魔幻时刻”。从原理上讲，在日出日落时刻，日光穿越大气层的行程较长，被扩散的光线较多，所以这种光线较弱并显得柔和；此时直射的阳光色温较低，而天空散射光色温较高，形成日出日落时刻光线的特点：受光面较暖，光线不强，背光面较冷，色彩富有层次变化，冷暖对比明显。日出日落时，地面温度变化较大，空气中潮湿的水蒸气较多，加上早、晚的炊烟，往往形成晨雾覆盖在地面上，远远望去犹如大地披上了一层浮动的白纱，加强了景物大气透视现象。

在实际拍摄中，“魔幻时刻”非常的短暂。此时的亮度和色温转瞬即逝，给我们的拍摄工作造成了极大的难度。我们在拍摄日出日落的时候，前期一定要做好充足的准备工作，制定好严谨的拍摄方案。要提前前往拍摄场景去等待合适的光效的来临。如果拍摄镜头较多，就一定要采取抢拍或者多机位的拍摄。每天的日出日落的光效是独一无二的，如果一场戏在不同的日出日落的情况下完成，可能会出现镜头衔接的困难。

图6-35～图6-38的画面都是“魔幻时刻”时间拍摄的镜头。画面光线柔和，层次丰富，在魔幻时刻进行拍摄会极大地丰富外景镜头的质感。在

图6-35 作品《奇瑞捷途品牌故事片》中的“魔幻时刻”

图6-36 电影《面子》中的“魔幻时刻”

图6-37 电影《赎罪》中的“魔幻时刻”

图6-38 电影《缩小人生》中的“魔幻时刻”

进行创作的时候，应当考虑在拍摄外景时是否要选择“魔幻时刻”进行拍摄。从而提高影片的调性。

第四节　人工光

现场原有的照明光源（自然光、白纸灯光、三基色荧光灯等），它们被认为是固有的光源。一般说的人工光，是指运用额外的灯光，即摄影常用的白炽灯、卤钨灯、镝灯等进行照明。现代的照明灯具品种、功能、种类非常多。对于摄影师来说，只要是符合电影拍摄的技术要求和艺术要求的灯具都可以选择。

灯具通常是以瓦数和种类来称呼的，例如5千瓦的聚光灯。瓦数即灯泡的额定功率。当供电电压与灯泡额定电压一致时，灯泡功率越大，灯泡越亮。按照性能划分，可以分为聚光灯具和柔光灯具。按照色温划分，可以分成高色温灯具和低色温灯具。按照功率划分，可以分为大型灯具和小型灯具。

对于电影摄制组来说，使用最多的无非是大功率聚光灯和普通聚光灯、散光灯和其他特殊效果和功用的灯具。在现代电影的拍摄中，一般要求灯具体积小，功率大，节省电，相对轻便。我们主要是要对灯具的性能、技术有所了解。灯具的技术指标是指灯具的适应电压的能力强、技术稳定性好、发光的强度好、发光的频率好、色温比较稳定、不要因为电压或者电流的问题有频闪。同时，要了解不同的灯具在使用的过程中，所体现出来的不同的功效。

摄影照明灯具的选择，首先要满足故事内容的需要，满足场景实际的需要、场景环境和拍摄内容的需要，不是说灯具越多越好。在摄影上，现场多一个灯具，在拍摄画面上就可能多一个影子。灯多了以后，也会形成灯影的干扰和抵消，画面也会显得比较脏。同时，灯具多了以后，人员的工作量就会加大，其设备的支出成本就会有比较大的上升。所以照明灯具要严格按照场景、拍摄、预算、技术等几个方面进行控制，在保证基本的技术条件和光孔条件的前提下，多在照明的技巧和方法上下功夫。

人工光是摄影创作中重要的造型表现和创作方式。人工光不受时间、地理、气候、季节等方面的限制。自然光会因时间地点而变化，而人工光的优势在于光源稳定，可以进行长时间的拍摄。

我们可以利用人工光的机动、灵活等诸多方面的优势，从容、自由地对人物和景物进行造型处理，达到不同的光影和气氛效果。

人工光按性能上分为聚光灯和柔光灯，参见图6-39、图6-40。聚光灯光源发出的光线较硬，方向性比较明确。而柔光灯光源发出的光线较软，方向性不明确。

图6-39 影视聚光灯

图6-40 影视柔光灯

人工光按色温上分为高色温灯和低色温灯，参见图6-41、图6-42。高色温灯发出的光源光色偏白，而低色温灯光源光色偏暖。

图6-41 影视高色温灯

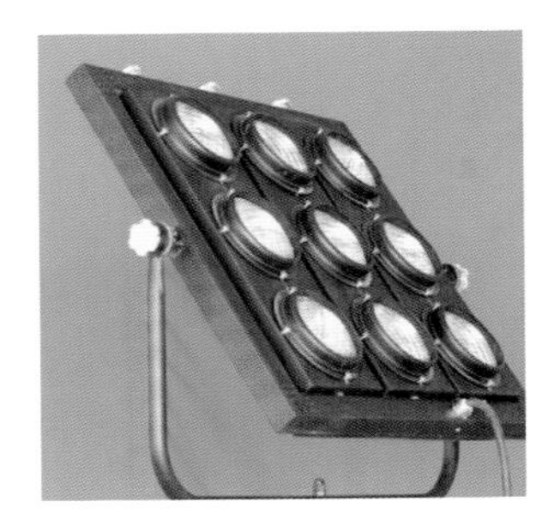

图6-42 影视低色温灯

人工光按功率上分则有大功率灯和小功率灯，参见图6-43、图6-44。大功率灯体积较大，光源较强。而小功率灯相比大功率灯体积更小，灯光照度有限。

人工光种类繁多，使用方便，可以适应不同场景、不同环境、不同要求的各种照明技术和艺术的要求。既可以作为棚内摄影的主要光源和次要光源，又可以作为外景摄影的补光或主光照明。

图6-43 影视大功率灯

图6-44 影视小功率灯

图6-45～图6-47是拍摄片场图。在图6-45中，是夜戏的拍摄现场。当天空密度完全消失后，可以通过大量的灯光布置去创造出“夜晚灯光辉煌”的效果。因为人工光稳定的特点，这样的拍摄可以持续到第二天太阳升起。在图6-46和图6-47中，是大量的灯光器材。“12灯钨丝灯”、sky panel S60、镝灯的综合使用，可以创作出不同的光影气氛。

图6-45 夜戏拍摄现场

图6-46 灯光器材

图6-47 灯光器材

总而言之，在什么条件下，就要考虑什么样的用光问题。摄影的用光非常有针对性，要扬长避短，发挥优势。摄影要注意研究人工光和自然光本身所存在的技术和艺术方面的差异，把握再现和表现的差异。特别是要研究自然光的变化规律，色温、高度、强弱等方面的特点，要了解光线时机的重要性，懂得运用人工光的配合。研究人工光不同灯具的特点和技术性能，切实发挥人工光的性能，达到各种各样的光线效果。

在影视创作中，常用的灯具有钨丝灯、镝灯、KINOFLO等灯具。近年来，也涌现了像ARRI公司生产的以SkyPanel S60为代表的新型灯具。

钨丝灯是一种被大量使用的灯具，因为其使用成本较低，如图6-48所示。但是钨丝灯存在着使用时温度高，灯丝承受震动耐力较低的缺点；镝灯虽亮度高，显色性好，但是使用成本较钨丝灯高，如图6-49所示；Kino Flo是一款荧光灯，无频闪，发光效率高，光质柔和，色温准确，但是瓦数相对较低，不能作为大型灯具使用，如图6-50所示。

Skypanel S60是近年来涌现的一款全新的LED灯具，高亮度，可以调节和实现不同的色彩风格需求，可以电脑编程，是一款革命性的产品，如图6-51所示。自面世以后，大量投入到广告及电影制作中，成为影视制作小型灯具的首选。

图6-48 钨丝灯

图6-49 镝灯

图6-50 Kino Flo

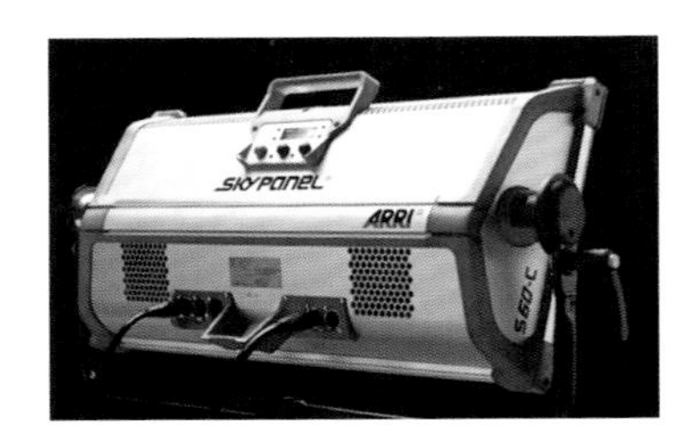

图6-51 SkyPanel S60

第五节 光线组合造型

摄影光线的设计包括了光线组合造型的整体构思。对光线的总体构思，首先是针对主要场景的，其次是对光线的主要形式、反差、明暗、关系等方面做出设计和规划。在影片的整体把握上，首先要考虑所有的场景光线应该是一个什么形态，确立光线的主要形式。并且应该有助于体现影片的一种造型风格，使得每一个场景的光线既有联系，又有变化。

无论在任何场景，所有的光线设计都应该以生活中原有的光效为主要依据，从剧本的情节内容具体出发，结合拍摄场景和任务的具体表现和造型的情况而确定。依据叙事的需要，设想出场景的光线气氛，考虑好人物的光线造型。比如涉及的光线方向、色温、光的软硬、光线气氛、光线反差等诸多方面。

一、光线组合造型中的三种形式

（一）直射光

以自然光为例，在晴朗天气的条件下，阳光直接照射到被摄物体的受光面，可以产生明亮的影调，非直接受光的一面，则形成明显的投影。这种光线的形态和性质，是最典型的直射光特色。

图6-52 电影《黑镜》中直射光的应用

直射光大多数是由从发光体直接发出，没有任何的阻挡和反射等，可以形成比较明显的反差。在这种性质的光线下，由于受光面与阴影面之间有一定的明暗反差，比较容易表现被摄体的立体形态。而且，由于光线造型效果比较硬，可以形成非常硬朗和鲜明的光线形式，表现出物体的立体效果。在图6-52中，窗外的直射光作为直接照射在人脸上，在人脸上形成侧逆光的光效，增强了人物的立体感和质感。

（二）散射光

散射光通常是比较柔和的光线。自然光中的散射光有以下几种特点。

- 从形态和结果上，没有明显的光线投射方向。
- 照度相对于晴天比较暗，但是比较均匀，也比较柔和。
- 照射的方向不明显，照明的范围比较大，不易控制。
- 散射光在作用上，常用作辅助光。

无论外景还是内景，散射光由于比较柔和，也可以作为主光。由于散射光光源面积比较大，所以产生的光线也相对越加柔和。同时，外景的散射光通常呈现顶光的效果，内景的散射光的处理和布置，可以更加自如。

同时在拍摄中，使用柔光纸、柔光布或反光布、反光板等，使自然光和人工光光线扩散，光源面积增大而形成散射光的效果，也不易在被摄体上产生明显的明暗关系及投影。在图6-53所示画面中，运用了散射光进行拍摄，人脸光线相对柔和，层次质感丰富。

图6-53 电影《黑镜》中散射光的使用

（三）混合光

混合光通常是由自然光、人工光混合成的一种光线，主要是不同色温光源同时并用形成的光影气氛。在实际生活中，通常的情况是人工光和自然光混合在一个环境空间里，在拍摄时，需要用人工光去配合自然光。

在摄影实践中，混合光照明一般的情况是自然光的部分，在角度、色温、亮度方面变化比较快，人工光的部分相对比较稳定，需要经过整体的色温调整，适应色彩平衡的需求。例如自然光的高色温，黄昏中的暖光线，我们可以加上人工光，与之形成配合，在画面内部形成色光较少差异的对比。在图6-54所示的画面中，光线构成比较复杂，既有单独修饰人脸的人工光，也有场景内不同的光色，还有“感受不到”的环境散射光，多种不同的光源细腻地营造了影调层次丰富的画面。

无论在什么样的情况下，外景的自然光或者内景的人工光，要考虑光线的运用，或者集中在影片的几个主要场景，或者是某一种光线的强调性运用。无论在什么样的形态

图6-54 广告作品《BMW 嘉年华》

情况下，都要研究其规律，做到认真仔细。

二、光线在造型中的功能作用

此外，按光线在造型中的功能作用，可以将其分为主光、辅光、背景光、轮廓光、修饰光和效果光等。

（一）主光

主光是拍摄一场戏或者一个镜头，在确定被摄对象造型形象过程中起主要作用的光线。主光担负着主要光效的作用，也是确定环境的主要光线。一般主光以直射光从前侧光位置照明居多，可以很好地表现被摄体的立体感和质感。在主光的光位和强度确定后，与不同亮度辅光配合使用可使画面具有不同的软硬影调、反差和光线气氛。在图6-55所示画面中，“发出”的光是画面的主光。

图6-55 电影《黑镜》中主光的应用

（二）辅光

辅光是对主光起辅助作用的光线。一般多使用散射光作为辅光，其亮度不能超过主光亮度。辅光可以提高被摄体阴影部分的亮度，但它必须保持主光所创造的明暗关系。在图6-56所示画面中，人物主光是从画面左侧发出的。但是人物的右脸仍然可以看到大量的面部细节。这说明在拍摄画面的时候，创作者运用了额外的灯具或者辅光手段有意的减少了画面的反差。而这一部分的光线，就是辅助光。

图6-56 电影《黑镜》中辅助光的应用

（三）背景光

照明被摄主体所处背景的光线为背景光，它属于环境的一部分。外景和室内实景的背景光一般是自然光照明，有时室内实景的人物背景也以人工光和自然光混合照明。在图6-57中，背景的烛火是画面中的背景光，同时也是画面的主光，真实地营造了篝火气氛的场景。

图6-57 电影《金钱世界》中背景光的应用

（四）轮廓光

轮廓光架设在主体后侧，并且避开摄影机拍到的地方，用以勾勒出主体的轮廓，让主体和背景间产生空间和立体感。轮廓光不仅有助于把主体与背景区分开，生动鲜明的展示物体的轮廓形式，有利于表现画面的形式感，立体感、空间感，丰富影调层次、创造画面的美感。图6-58中，人物身上的白光和黄光是人物的轮廓光，不同的光色搭配应用为画面营造了特殊的美感。图6-59中，人物身后窗户方向的光源是轮廓光，光源打到人物的头发上，让女主角的秀发变得更加美丽，人物质感更加立体。

图6-58 电影《绿里奇迹》中轮廓光的应用

图 6-59 电影《恋爱回旋》中轮廓光的应用

（五）修饰光

对被摄对象起修饰作用的光线为修饰光，它可对眼神、头发、道具、服装等做局部的修饰，可提高画面亮度的反差，丰富影调层次，增强和完善艺术表现力。使眼球产生反光的光线为眼神光，它可使人物形象在画面中看上去很有神。图6-60中，眼神光使这个大特写镜头看上去更有神。

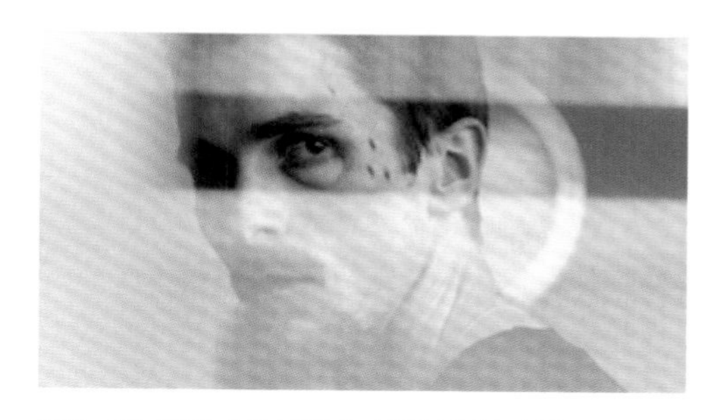

图6-60 电影《机械师》中眼神光的应用

（六）效果光

能够造成某种特殊光效的光线为效果光。如手电光、闪电、火柴光等。效果光运用得好，可以创造更为生动、自然、真实的画面造型，增强造型的表现力，创造特定的艺术气氛。图6-61所示的画面中，以烛光

图6-61 电影《军舰岛》中效果光的应用

作为场景主光源，应用十分巧妙，众多的烛光让画面看上去富有强烈的表现力。

三、电影《修女艾达》灯光效果分析

短视频的创作和电影的创作具有联系性。短视频和电影在时长上虽不相同，但电影的创作就像无数个短视频创作的集合。在短视频的创作过程中，会遇到大量不同的场景，当学会了处理好每个场景的光线才能更好地去完成长篇电影的创作。

电影《修女艾达》是2015年的奥斯卡最佳外语片，同时也提名了当年的最佳摄影奖，见图6-62。这部电影讲述了修女艾达自己生活的过往和质疑自己信仰的故事。这部电影以黑白画面的形式呈现，自然主义的打光风格，较少的运动镜头。影片精美的画面，到位的光影和考究的构图，有着很大的学习参考价值。

下面以影片中的几场戏份进行分析。

首先，这部电影的构图有别于一般电影，在构图上采取了大量留白的方式，如图6-63、图6-64所示。特殊的构图让影片与众不同，有利于营造一种特殊的气氛和感觉——一种对现实的疏离感，对上帝、对信仰的一种向往。

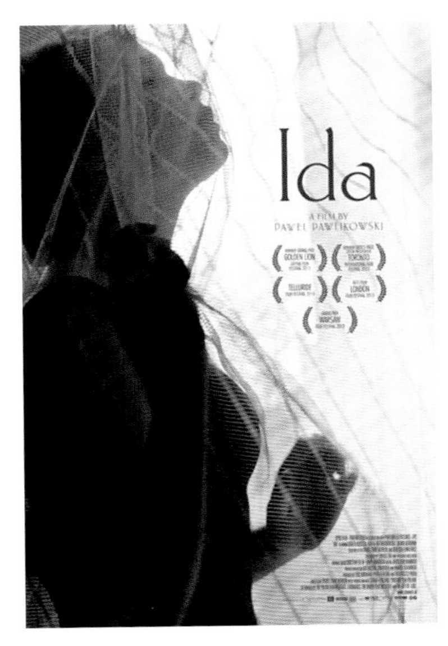

图6-62《修女艾达》电影海报

图6-63《修女艾达》电影画面

图6-64《修女艾达》拍摄现场

在这场戏中，6K镝灯作为这场戏的主光源，并且使用了蝴蝶布对主光进行了柔化，使影调没有那么硬朗。1.2K光源制造了后景的高光，加大了画面的光比。575W加黑纸提亮了画面物体的亮度。4尺Kino Flo作为全景的辅光，稍微提亮了一点暗部细节。光位图如图6-65所示。

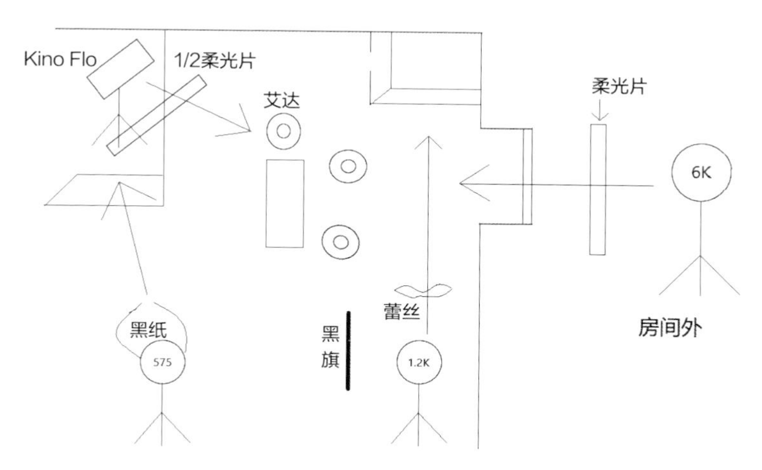

图6-65《修女艾达》场景光位图

如图6-66所示，在日景厨房这场戏，摄影师用了三个6K镝灯作为光源，每个6K镝灯过了一层片子，对硬光进行了柔化，如图6-67所示。第一个6K镝灯用于制造画面左边背景的高光。第二个6K镝灯制造出了地面上的光区。用了柔光片进行局部遮挡，所以灯直射在地面的光区会增加一些光影层次。从而也使艾达在一群人中凸显了出来。第三个6K镝灯提亮了整体的底子光。黑旗的运用加大了画面的反差，强化了6K营造的阳光感。两个特图利，点亮了背景的油画。作为效果光的应用，增加了画面的层次和质感。

图6-66《修女艾达》电影画面

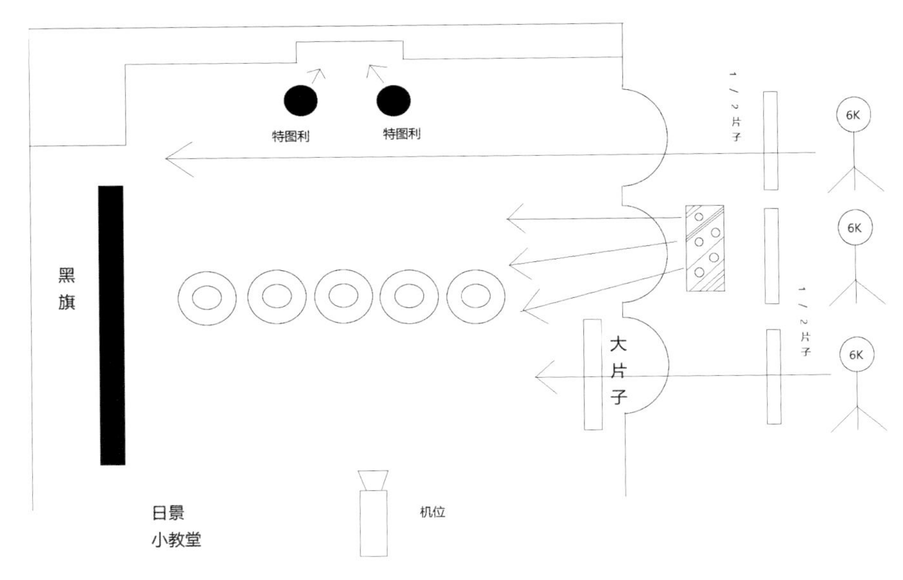

图6-67《修女艾达》场景光位图

在这场戏中还是单一主光的设计方案。虽然画面景别大，但是模拟阳光光斑的光区设计，凸显了艾达，反差的控制也很成功。

在图6-68所示的这场戏中，布光方式非常简单。单灯照明并通过反光板给人物补充一些散射光。这场戏布光的重点在于要控制主光的散射，可以看到画面中的“黑”是很多的，如果单光不加以散射控制，那么整个场景会显得非常的亮。所以将灯加以“马蜂窝”，这又被称为“蛋格”，去控制光源的散射。并且从一个顶光的位置去下灯位，在某种程度上也控制了光源的散射。光位图如图6-69所示。

图6-68《修女艾达》电影画面

图6-69《修女艾达》场景光位图

如图6-70所示，在夜内餐厅的这场戏，主光依然采用了“蛋壳”去控制光源的散射。背景中有一个蜡烛放在了白色桌布的桌面上，由此布置了一个特图利模拟烛光，让画面显得有层次。6K镝灯放置在了窗户的外面，形成了一片光区。背景的门是开的，门口放置了一个Kino，提了一些层次，光位图如图6-71所示。

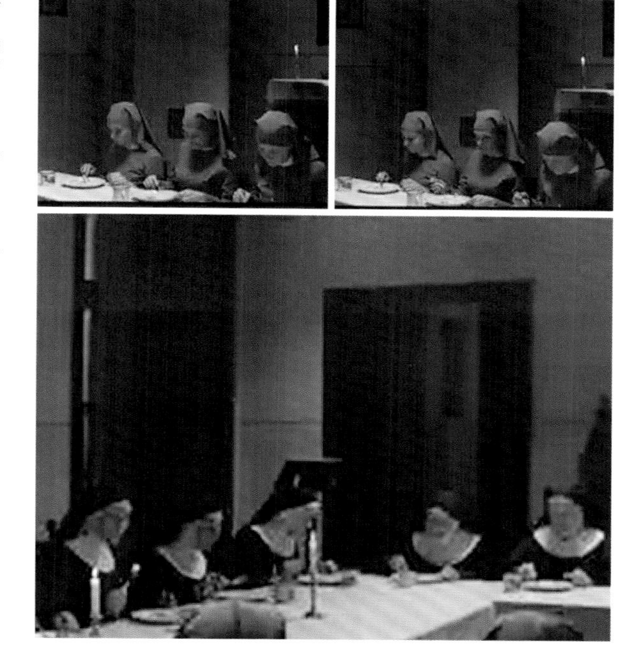

图6-70《修女艾达》电影画面

在这种有烛光晚餐戏的电影里，观众一直觉得是在烛光的真实情景下拍的，但是实际情况并不是如此。因为摄影机的宽容度是有限的，在拍摄的时候仍然需要灯光的设计去模拟“烛光”的效果。在拍摄中，只是将烛光作为装饰和高光点，为场景增加一些层次和高光，让整个画面的层次非常丰富。

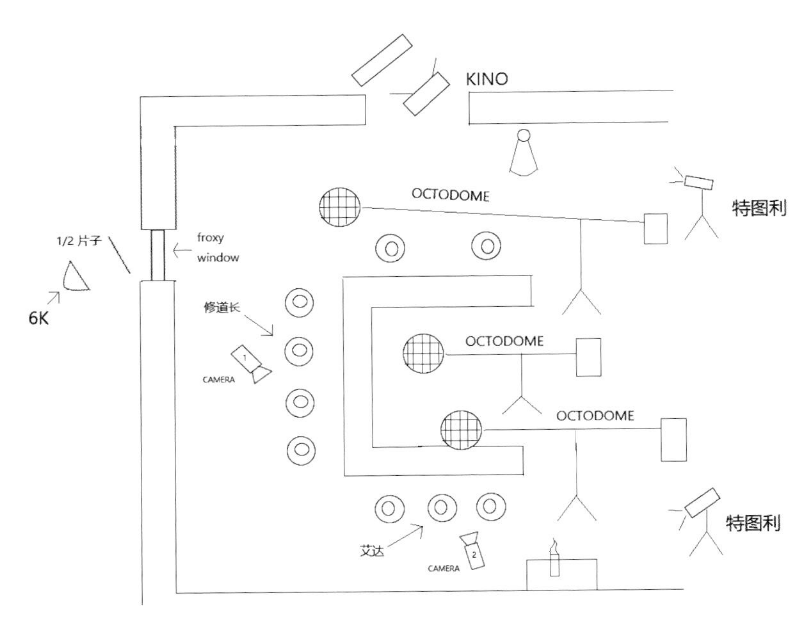

图6-71《修女艾达》场景光位图

所以说会有电影是以真实的烛光去拍摄的吗？答案是肯定的。在库布里克的电影《巴里林登》中，有一场戏就以烛光实现了拍摄，参见图6-72。在那场烛光戏中，他使用了美国宇航局登月所使用的F0.7超大光孔的镜头进行拍摄。镜头巨大的通光量帮助他实现了“自然光”拍摄。但是在我们平时所使用的镜头中，光孔没有如此之大的镜头。所以对于一般拍摄而言，仍然需要用灯光模拟烛光的方式完成拍摄。相信随着摄影机和镜头的技术不断进步和革新，“纯烛光拍摄”“自然光拍摄”愈发成为电影创作上的可能。

图6-72 电影《巴里林登》中以烛光实现了拍摄

第七章 色彩构成

摄影师要具备一定的色彩学知识，要了解光与色的关系，要了解色彩的色别、明度、饱和度这些要素，要了解原色和补色的关系，要了解色温与光源色温的概念，要了解色彩的构成方法，要了解色彩对观者的情感作用。

第一节　色彩的基本知识

一、光与色

人们能看到各种物体的颜色，都离不开光。俗话说："有光才有色。"物体的色是人的视觉器官受光后在大脑的一种反映。

1. 光源的色

光源的颜色取决于发出光线的光谱成分，即光的波长情况。

现代科学证明，可见光谱只是整个电磁波谱中极小的一个区域，参见图7-1。整个电磁波谱包括无线电波、红外线、紫外线及χ射线等，而可见光只不过是整个电磁波谱中的一个很狭小的区域。因波长范围不同，光线呈现为不同的颜色。可见光的波长范围为390~760纳米（nm）（1nm = 10^{-9}m）。从物理的角度看，电磁波谱因辐射的波长不同而具有完全不同的效应。在眼睛感受的低频程范围内，因波长的不同，能产生不同的颜色，也就是通常说的"七色光"——红、橙、黄、绿、青、蓝、紫，而这七色光也正是人眼可以看到的日光的组成部分。这一点是由著名科学家牛顿（1642~1727年）发现的。

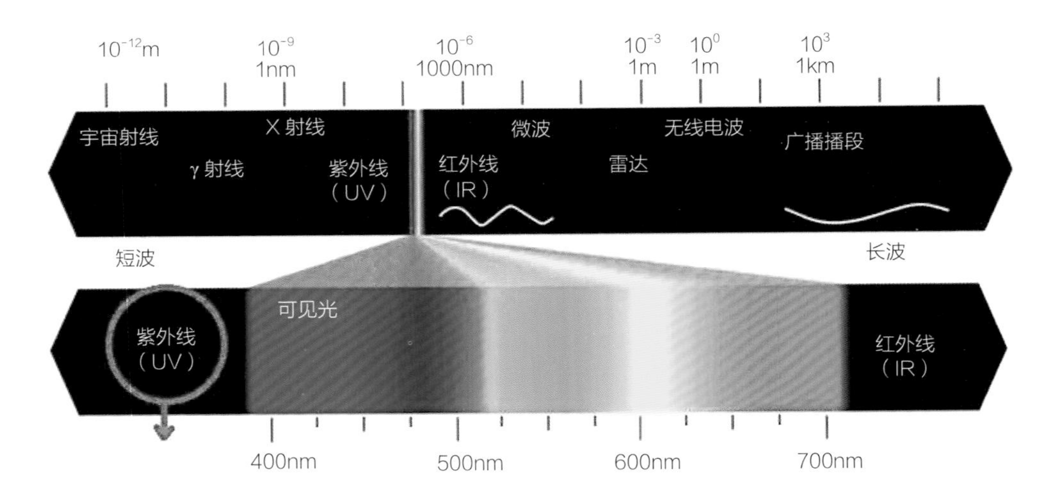

图7-1 可见光谱

后来又经过进一步的实验，牛顿得出以下结论：

（1）在可见光中，红色光的波长最长，折射率最小；紫色光的波长最短，折射率最大。

（2）七种可见光均为单色光，阳光是七色光的混合。

（3）三棱镜之所以能把白光分解为七种单色光，是因为各种颜色的光在通过三棱镜时，它们的折射角大小不同。

牛顿对于光学的上述研究成果，对后来的摄影术的发展及今天的摄影技术研究，都具有十分重大的意义。

2. 物体的色

光源的光谱成分发生变化会影响物体给人的颜色感受，这在彩色摄影中有着重要的实际意义，应予注意。

物体的色取决于物体对各种波长光线的吸收、反射和透视能力。物体分消色物体和有色物体。

（1）消色物体的色。消色物体指黑、白、灰色物体，它对照明光线具有非选择性吸收的特性，即光线照射到消色物体上时，被吸收的入射光中的各种波长的色光是等量的；被反射或透射的光线，其光谱成分也与入射光的光谱成分相同。当白光照射到消色物体上时，反光率在75%以上，即呈白色；反光率在10%以下，即呈黑色；反光率介于这两者之间，就呈深浅不同的灰色。

（2）有色物体的色。有色物体对照明光线具有选择性吸收的特性，即光线照射到有色物体上时，入射光中被吸收的各种波长的色光是不等量的，白光照射到有色物体上，不仅亮度有所减弱，光谱成分也改变了，因而呈现出各种不同的颜色。例如在白光照射下，红色物体反射光的波长相当于红色光的波长，所以看上去是红色的。

二、原色光与补色光

1. 原色光

19世纪初，科学家就提出了视觉三原色理论，认为人眼视网膜上可以分辨各种色彩的视锥细胞中，含有与光谱中三种主要色相适应的三种视质素，即感红色素、感绿色素与感蓝色素，分别感受红、绿、蓝三种色光。所以，在摄影中把红色光、绿色光、蓝色光称为三原色光，或称色光的三原色是红、绿、蓝。实验告诉我们，等量的红色光、绿色光、蓝色光相加便产生白光。用公式表示就是：红光+绿光+蓝光＝白光。这三种色按不同的比例混合，又可得到各种颜色的光线。换言之，所有的色光都由这三种色光的不同比例混合而成。摄影上所说的三原色和绘画上的三原色不同。摄影是从色光上来讲，而绘画则是从染料上来讲。三原色光是红、绿、蓝；染料上的三原色是红、黄、蓝。三原色光等量混合产生白光；红、黄、蓝三种染料等量混合则得黑色。

2. 补色光

两种色光合在一起产生白光时，这两种色光就互称为补色光。实验证明，红色光与青色光、绿色光与品红色光、蓝色光与黄色光互为补色光，即是红、绿、蓝三原色光的补色光分别为青、品、黄色光，用分式表示就是：红光+青光＝白光；绿光+品光＝白光；蓝光+黄光＝白光。

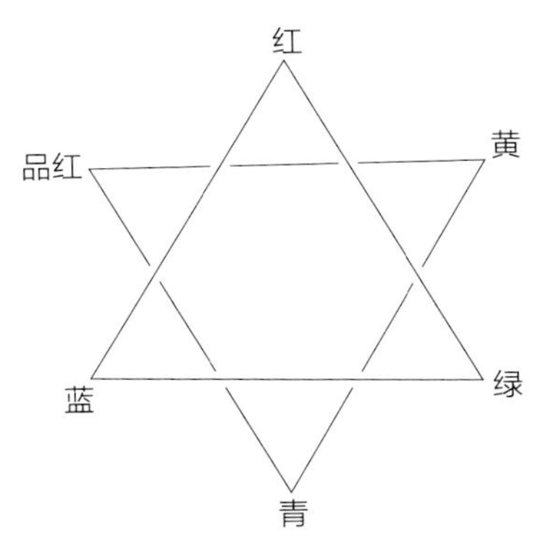

图7-2 六星图

3. 六星图

参见图7-2的六星图，便于掌握三原色光用其三补色光之间的关系。

通过六星图，可以知道图中的每一种色光都是由它相邻的两种色光所组成。每种原色光是由两种补色光组成，每种补色光则由两种原色光组成。例如，红光由黄光和品红光组成；品红光由蓝光和红光组成。

通过六星图，可以知道每一种原色光所对应的补色光，例如红的互补色光为青。

三、色彩三要素

色别、明度、饱和度是色彩的三要素。

1. 色别

色别是颜色最基本的特性，是由光的光谱成分决定的。色别是各种色彩的名称和相貌，是色与色之间的主要区别，也称色相。如红、绿、蓝、黄、品、青等就是属于不同的色别。人眼能辨别的色别可达180种左右。

培养认识色别的能力，是准确地鉴别色彩和表达色彩的关键。只有能够具体地识别其中不同的色彩，才能准确地认识这些色彩，进而精确地把它们表现在作品中。

2. 明度

明度指颜色的明暗、深浅。同一色别会因受光强弱的不同而产生不同的明度，不同色别之间也存在明度的异同。一种色彩当受强光照射时，它的色彩变淡，明度提高；当一种色彩受光很少，处在阴影中的时候，它的色彩变深，明度降低。

对色彩明度的了解，在彩色摄影中有很重要的意义和实用价值。它可以帮助我们进一步认识被摄体的明暗关系、立体空间关系，区分各种色彩的明暗变化，也便于我们在拍摄高调或低调彩色照片时恰当地运用色彩。比如，欲拍摄彩色高调画面，应选择明度高的色彩；拍摄彩色低调画面，需利用明度低的色彩。

3. 饱和度

饱和度指色彩的纯度。饱和度取决于该色中所含色的成分与消色成分的比例。含色的成分越大，饱和度就越大；含消色成分越大，饱和度就越小。

饱和度越高，色彩越艳丽，其色彩固有的特性越能发挥。当色彩的饱和度降低时，其固有的色彩特性也随之被削弱和发生变化。比如，饱和度较高的红与绿配置在一起，画面往往具有一种对比效果。倘若红色和绿色的饱和度均降低，相互对比的特征就减弱，画面趋向于和谐。

饱和度与明度不能混为一谈。色的明度改变，饱和度也随之变化。明度高的色彩，饱和度不一定高。如浅黄明度较高，但其饱和度比纯黄低。明度适中时的饱和度最大，当明度太大或太小时，颜色便会接近白色或黑色，饱和度也就极小了。

物体的表面结构和照明光线性质影响色彩的饱和度。相对来说，光滑面的饱和度大于粗糙面的饱和度；直射光照明的饱和度大于散射光照明的饱和度。

对于室外的被摄体来说，其色彩的饱和度随其所处位置的远近不同会有所变化。如果被摄体所处的位置离观者较远，视线要透过较厚的空气介质，看上去它的色彩饱和度会降低。

曝光对色彩的饱和度也有影响，当它被正确曝光时，纯正的色彩再现出的色彩饱和度最高；曝光过度或不足，饱和度均降低。图7-3是用不同曝光量拍摄的同一对象的六幅图像，从这里可以看出，对某一具体的色彩来说，只有在曝光正确的时候，它的饱和度最高；曝光过度或不足、色彩的饱和度均降低。

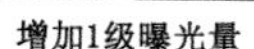

增加1级曝光量

增加 $\frac{1}{2}$ 级曝光量

曝光正确

减少 $\frac{1}{2}$ 级曝光量

减少1级曝光量

减少 $1\frac{1}{2}$ 级曝光量

图7-3 不同曝光量的拍摄

四、色温与光源色温

注意光源色温是彩色摄影区别于黑白摄影的重要方面之一。

1. 色温的含义

将一绝对黑体加热，随着加热温度的升高，黑体的颜色逐渐由黑变红，最后变白，发光。当实际光源所发射的光的颜色与黑体在某一温度下的热辐射光的颜色相同时，就用黑体的这个温度表示该实际光源的光谱成分，并称这个温度为该光源的颜色温度，简称色温。色温用绝对温标K来表示。绝对黑体是能够全部吸收入射光线而无任何反射的理想物体，是一切物体中吸收率最大，辐射率最强的。但是在实际中，不存在绝对黑体。

色温是表示光源光谱成分的一种概念。光源的光谱成分，即光线颜色的不同，其色温也就不同。通俗地说，色温就是表示光线颜色的一种标志，而不是指光的冷暖温度。光线越红，色温越低；光线越蓝，色温越高。

2. 光源的色温

光源的光谱成分即光线颜色的不同，其色温也就不同。对于彩色摄影来说，摄影者应对常用的一些摄影光源的色温应该有所了解并能熟记，表7-1为常用光源的色温表。

表7-1 常用光源色温表

光源种类		色温
自然光	日出和日落时无云遮日的阳光	2000K左右
	日出后和日落前半小时的无云遮日的阳光	3000K左右
	日出后和日落前1小时的无云遮日的阳光	3500K左右
	中午前后两小时的无云遮日的阳光	5500K左右
	晴天有云遮日时的阳光	6600K左右
	阴天天空的散射光	7700K左右
	蓝天天空光	10000K左右
人造光	电子闪光灯	5500K左右
	照相强光灯	3400K
	1300瓦的碘钨灯	3200K
	400～1000瓦的民用钨丝灯	2800K左右
	蜡烛光、煤油灯光	1600K左右

光源的色温高低与其发光温度并不必然联系。例如，同一只照相强光灯，蒙上一张橙色透明纸时，发出的光线色温就降低了；蒙上一张蓝色透明纸时，发出的光线色温就提高了。也就是说，光线越红，色温越低；光线越蓝，色温越高。

一天当中，色温也在不断变化。太阳升起后，温度逐渐升高，色温也渐渐升高；至中午时阳光色温为最高；随后太阳渐渐落下，色温也渐渐下降。

第二节 摄影画面色彩构成

摄影者要研究色彩的构成，要懂得色彩构成的方法，使自己的影视作品做到具有色彩配置上的特点，用这些色彩的特征去影响观众的视觉。

一、暖调与冷调构成

1. 暖调构成

红、橙、黄、黄绿、红紫等色彩是暖色，在安排画面的色彩构成时，如果运用这些色彩（尤其是红、橙）组成画面，或者主要运用这些色彩组成画面，让它们在整个画幅的色彩上占据暖色效果，即形成暖调构成。暖调构成有助于强化热烈、兴奋、欢快、活泼等效果，给人一种热烈、温暖、积极、热情的心情感染。

欲强调被摄体的暖调效果，摄影者应选择或调整被摄体的色彩，多使用红、橙、黄一类的颜色，使被摄体具有暖色特征。在影片《终结者2》的结尾，萨拉面坐在公园中的画面，看着身穿红色、粉色为主颜色衣服的孩子们在黄色的滑梯间玩耍，多个暖色色彩构成了这个画面，使画面显得温暖幸福，参见图7-4。

当景物本身色彩不具暖色特征时，如果光线色温低于摄影机的色温平衡性，例如在摄影机日光色温下，室外利用日出或日落时的低角度阳光，如经典影片《泰坦尼克号》中的经典镜头，杰克和露丝在船头相拥的画面便是在夕阳西下的时候，暖暖的颜色烘托出甜蜜的爱情气氛，参见图7-5。

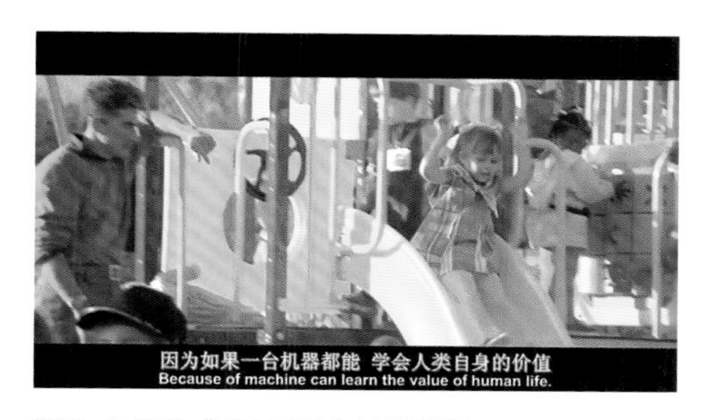

图7-4 影片《终结者2》片段截图

图7-5 影片《泰坦尼克号》片段截图

在照明灯具上加用红滤光纸（或滤光片），使画面成为暖色光照明；或者在正常拍摄情况下，在摄影机镜头上加用暖色的滤光镜，这些方法都能使画面偏向暖色调。

2. 冷调构成

与红、橙、黄相反，蓝、青、蓝绿、蓝紫属于冷色，假若在安排画面的色彩构成时，有意选用这些冷色（尤其是蓝、青）组成画面，或者主要选用这些色彩组成画面，让它们在整个画幅的色彩上占据冷色效果，即形成冷调构成。冷调构成有助于强化寒冷、恬静、安宁、深沉等效果，给人一种寒冷、收缩、凉爽、冷静等情感联想。

欲强调被摄体的冷调效果，摄影者可以选择或调整被摄体的色彩多使用蓝、青一类的颜色，使被摄体具有冷调特征，如在影片《蝙蝠侠：黑暗骑士》中，为了表现小丑角色的冷酷，因此让周边的光线以蓝色为主，且人物着装为青绿色，突出了环境情况和人物心理，参见图7-6。

当景物本身色彩不具冷色特征时，如果光线色温高于摄影机色温平衡性，例如在黎明未出太阳时或日落以后的时刻拍摄户外风景，画面会呈现冷调构成。同样是在影片《蝙蝠侠：黑暗骑士》中，直升机航拍的城市夜景画面，烘托出了阴森的气氛，参见图7-7。

在照明灯具上加用蓝滤光纸（或滤光片），使画面成为冷色光照明；或者在正常拍摄条件下，在摄影机镜头上加用蓝色的滤色镜，这些方法都能使画面偏向冷色调。

图7-6 影片《蝙蝠侠：黑暗骑士》片段截图（一）

图7-7 影片《蝙蝠侠：黑暗骑士》片段截图（二）

二、对比与和谐构成

1. 对比构成

对比色调指画面不是以某一种颜色为基调，而是以两种对比色彩为基调，利用冷暖色、互补色、明度、饱和度等进行对比，使观众产生一种鲜明对比的感觉，这种构成有助于强化艳丽、丰富、浓郁的色彩效果。

色彩的感染力在许多时候是利用色彩之间的对比、互相烘托来增强的。利用红与青、红与蓝、黄与蓝、橙与蓝、绿与品等具有强烈对比效果的色彩组成画面，能给观众很强的色彩刺激，使观众产生一种鲜明对比的感觉。色彩对比是加强主体表现的重要手段。主体的色彩与环境的色彩对比强烈时，主体便鲜明突出。利用色彩对比，也能使画面富于变化或产生韵律感。

摄影者可以利用冷暖色的对比、互补色的对比、明度的对比、饱和度的对比四种手法来达到色彩的对比：

（1）**冷暖色的对比。**冷暖色同时出现在一幅画面中，必有强烈的对比效果。如影片《谍影重重4》中的工厂画面，工人们穿着粉色的工作服和蓝色的围裙，整齐而又鲜艳，参见图7-8。

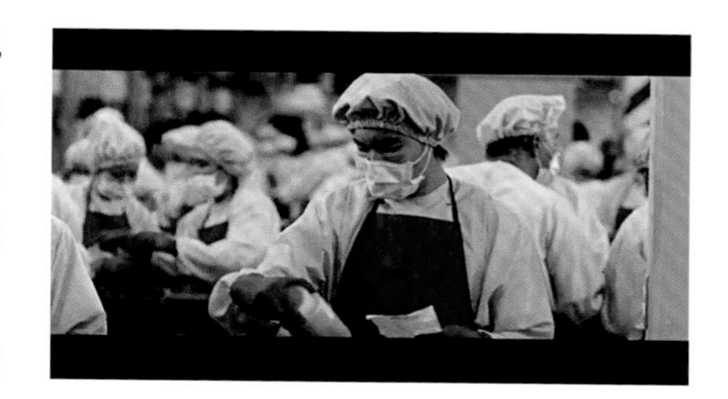

图7-8 影片《谍影重重4》片段截图

（2）**互补色的对比。**如“红与青”“蓝与黄”“绿与品红”等，均属于互补色对比。互补色对比在视觉效果上能产生最大的冲击力，一种颜色在它与互补色对比时，比它和其他颜色对比时更加艳丽、更加鲜明、更加强烈、更加醒目。如在影片《变形金刚5》中，大黄蜂的身上已经是鲜艳的黄色，加上周围环境的衬托则更加显眼，参见图7-9。

（3）**明度的对比。**利用色彩的明暗对比来达到突出某种色彩的效果，明度对比大，给人以强烈的感觉；明度对比小，给人以柔和的感觉。同样是在影片《变形金刚5》中，最后的告别时刻，利用金色的夕阳形成逆光剪影的效果，营造出高大的英雄形象，参见图7-10。

（4）**饱和度的对比。**色的明度直接影响色的饱和度。互相对比的色彩，只有当它们

图7-9 影片《变形金刚5》片段截图（一）

图7-10 影片《变形金刚5》片段截图（二）

的饱和度最高时，对比效果才最明显。如影片《驴得水》中采取了比较高的饱和度拍摄了一些空间环境的空镜头，参见图7-11。

图7-11 影片《驴得水》片段截图

如果把饱和度高的色彩和饱和度低的色彩共同安排在一幅画面中，因它们之间的对比作用，会使饱和度高的色彩格外醒目突出。在一般情况下，背景色彩的饱和度宜低一些，这样有利于突出主体。

2. 和谐构成

色彩的和谐指整幅画面上色彩配合的统一、协调、悦目。和谐构成与对比构成的色彩效果相反，它不给人们强烈的色彩刺激，而追求色彩之间的融洽与协调，尽量使观者感到优雅、舒展、平静、悦目，以柔和的色调唤起人们的美感。人们由于民族、风俗、宗教、文化等差异，对色彩和谐的判断也会存在差异。

摄影者可以利用同类色和谐、类似色和谐、低饱和度和谐、消色和谐四种方法达到色彩的和谐。

（1）同类色和谐。即同一色别不同明度的配合，如深红与浅红、深蓝与浅蓝、深绿与浅绿等等，配合得当便能产生和谐效果。在影片《超体》中，女主角穿着蓝色的病号服坐在淡蓝色的手术室中，深蓝和浅蓝构成了同类色和谐的画面，参见图7-12。这样的色彩配置在一起，利用色彩之间的明暗差别和对比，表明被摄体的立体形状和轮廓特征，给观众和谐协调的感受。

（2）**类似色和谐**。即含有同一种色光成分的一些色彩的配合。例如红、红橙、橙、黄橙之中都含红色，为类似色。类似色配合得当，能收到和谐协调的效果。如影片《火星救援》中的设计，被红土覆盖的火星，再加上主角的宇航服也是棕色的，都是属于暖色系画面，参见图7-13。

图7-12 影片《超体》片段截图

图7-13 影片《火星救援》片段截图

（3）**低饱和度和谐**。对于互相对比的色彩，当色彩变浅（明度提高）或变深（明度降低），色彩的对比效果会减弱，画面趋向和谐。在影片《达·芬奇密码》中，小时候的主角一个人从花丛前跑过，原本绿色和红色能形成强烈对比，但是加入了蓝色以后显得对比度变弱，参见图7-14。另外，对于既是互补色又具有对比性质的色彩，例如黄和蓝，在掺杂了别的颜色或者变为浅黄和浅蓝后，对比性质便减弱，呈现和谐倾向。

图7-14 影片《达·芬奇密码》片段截图

（4）**消色和谐**。黑、白、灰这些消色与任何色彩配置在一起，都能收到和谐效果。在影片《北方一片苍茫》中，利用黑白灰三色突出火盆中的红色，这种手法让观众觉得在寒冷的冬天还能有一盆炭火取暖，已经是很幸福的事情了，画面烘托着悲情的气氛，参见图7-15。

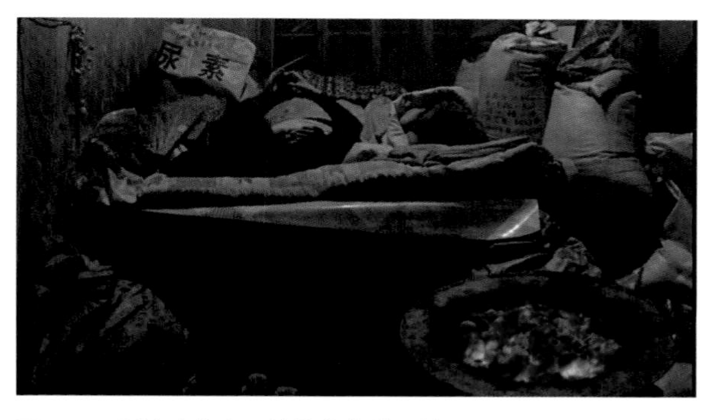

图7-15 影片《北方一片苍茫》片段截图

消色在彩色摄影的色彩配置和视觉效果上有很积极的作用，消色与彩色共同配置在一个画面中，都显得和谐协调，能收到令人满意的色彩效果，可以利用自身的对比而使该色彩的色彩特征表露得更加鲜明。金色和银色的作用类似于消色，它们与任何色彩相配，都能收到和谐效果。

三、重彩与淡彩构成

1. 重彩构成

重彩构成是由饱和度高或明度低的色彩构成，有助于强化浓郁或低沉的气氛。这种配置色彩的方法，能够表现出十分强烈的色彩效果，给人们深刻的色彩印象。采用这种色彩配置方法时，如果选用饱和度高的鲜艳色彩，利用柔和散射的正面光照明，使它不产生强烈的明暗变化，可以形成一般明暗的影调，如影片《银翼杀手2049》中，有很多金黄色的高饱和度画面，带有浓郁的科技感，形成了影片的代表性风格，参见图7-16。

当被摄对象的色彩不是重彩时，适当减少拍摄曝光可以增强色彩浓度。倘若利用明度低的暗色组成画面则可拍出彩色低调画面，此时应根据被摄体的反射亮度，比曝光表推荐的数据故意减少1/2级至1级曝光量，以便呈现低调效果。如影片《速度与激情4》中，车手们聚集在广场，五颜六色的车和衣服通过较弱的光线，在画面中显得比较鲜艳并且具有活力，参见图7-17。

图7-16 影片《银翼杀手2049》片段截图

图7-17 影片《速度与激情4》片段截图

2. 淡彩构成

淡彩构成是由颜色较淡、明度较高、不够饱和色彩相互配置在一起，组成画面。淡彩构成有助于强化淡雅、和谐的气氛，给人一种平静、质朴的感受。淡彩画面中，被摄体自身应以浅淡的色调组成，或绝大部分以浅淡的色彩组成，不宜有面积较大的深色调子。如影片《菊次郎的夏天》，淡彩构成的画面和大海的背景能给人心情放松的感觉，参见图7-18。

图7-18 影片《菊次郎的夏天》片段截图

被摄对象的色彩较浓时，适当增加拍摄曝光可以减弱色彩再现的浓度。

在室外拍摄时，可以利用雾蒙蒙的大气或阴天的散射光拍摄，避免照明光线所造成的阴影和投影；在室内拍摄时，用柔和散射的正面光照明，尽量减少阴影及投影；利用照相室的专用灯光拍摄时，在照明灯具上加柔光纱或柔光纸（如硫酸纸），或用反光伞、反光板等进行间接照明，以便获得柔和的淡彩效果；也可以在照相机镜头上加柔光镜、雾镜、纱网、十字镜等，使影像柔化，获得淡彩效果。

四、高调与低调构成

1. 高调构成

高调构成是运用明度较高的色彩，如黄、白、浅橙等，配置在一起组成的画面，能收到明快、晶莹、清透、悦目的色彩效果，如影片《异形》中，白色的睡眠舱和白色的背景组合形成了高调画面，白色清新的画面也能体现出一种科技感，参见图7-19。

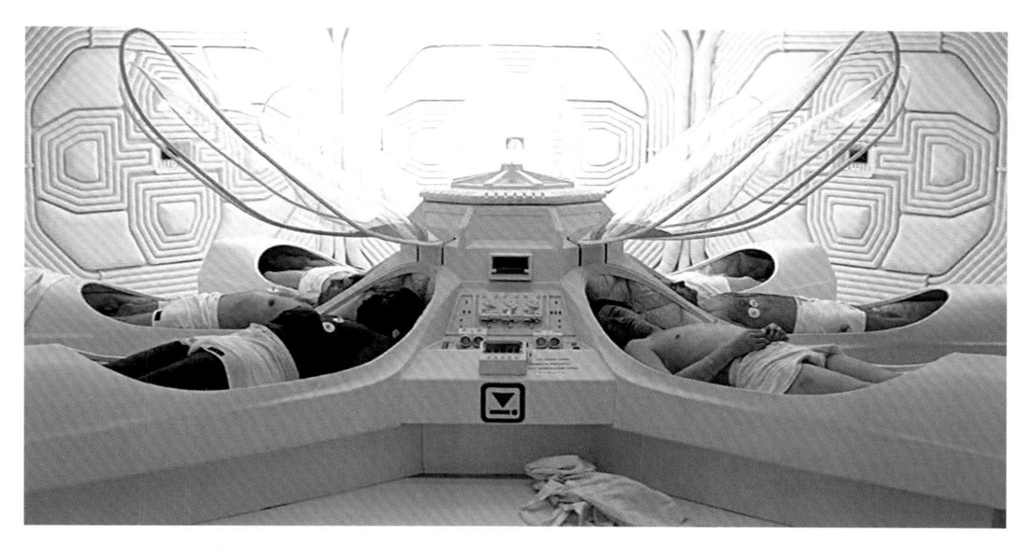

图7-19 影片《异形》片段截图

拍摄高调彩色照片时，宜用散射的柔和光线照明。在曝光量的掌握上，高调彩色照片均要求曝光量稍多些。一般可比曝光表推荐的曝光数据故意增加1级至1级半曝光量，使拍出的影像浅淡明亮。高调彩色照片相对淡彩照片来说，要求色彩的明度更高，颜色更浅，画面显得更明亮，拍摄时的曝光量也要更多一点。

2. 低调构成

低调构成是选用深暗沉重、明度很低的色彩，或者用大面积的黑色、深灰色占据画面，而彩色部分仅占较小的面积，给人以持重、神秘、浑厚、凝重的感觉。在影片《达·芬奇密码》的最后，主人公独自来到卢浮宫前，夜晚的卢浮宫在微弱灯光的映衬下显得神秘而圣洁，参见图7-20。

图7-20 影片《达·芬奇密码》片段截图

拍摄低调彩色照片时，宜采用逆光照明，使被摄体绝大部分处在阴影中，使影调显得浑厚。在曝光量的掌握上，要比曝光表测光后所推荐的曝光数据减少1级至2级曝光量。

由于低调彩色照片的被摄主体和背景环境的影调都比较深暗，区分它们之间的层次并突出被摄主体的形状就非常重要。可以利用它们之间在亮度上的细微区别，使明暗互相烘托，把被摄体的形状和轮廓交代清楚。

五、色彩的感情

自然界中不同的色彩，能给人们不同的感受与联想。人们把这种对色彩的感觉所引起的情感上的联想，称为“色彩的感情”。一般说来，红色给人以热烈、喜庆、胜利、革命、紧张等感觉；黄色给人以高贵、光明、富有、明朗、轻快等感觉；绿色给人以生命、青春、希望、生机、和平等感觉；蓝色给人以崇高、永恒、宁静、深沉、诚实等感觉；紫色给人以哀伤、威严、邪恶、神秘、高贵等感觉；白色给人以明净、纯洁、朴素、坦率、悲伤等感觉；黑色给人以庄重、肃穆、神秘、恐怖、哀伤等感觉。

由于国家的不同、民族的不同、风俗习惯的不同、文化程度和个人艺术修养的不同，对色彩的喜爱可能有所差异。比如，东方人由于受到传统文化的影响，通常认为黄色是高贵的象征，而西方信仰基督教的国家，由于出卖耶稣的叛徒犹大曾穿黄色的衣服，因而当地人厌恶黄色。同时，色彩的感情也会随着时代的变化而变化。

另外，色彩还会给人远近、大小、进退、胀缩、轻重、软硬、冷热、动静等感觉。具体表现为：不同色别中，暖色使人感到距离近，冷色使人感到距离远。红、橙色给人以温暖感，蓝、青色给人以凉爽感。红、橙色能促使人的生物钟加快，给人以动感，蓝、青色则能给人以静感。同一色别中，明度高的显得近，明度低的显得远。不同色别中，如红、橙、黄、绿、青、蓝、紫七色中，面积相同时，黄色显得最大，紫色显得最小，红与青近似。同一色别中，明度高的显得大，明度低的显得小。感觉重的颜色显得小，感觉轻的颜色显得大。在同一平面上，暖色具有逼近感，也称“前进色”，冷色具有后退感，也称“后退色”。暖色、明度大的色具有膨胀感；冷色、明度低的色具有收缩感。浅的颜色往往使我们看上去重量较轻，深的颜色看上去往往感到较重。这种对色彩的主观感受，便是色彩的轻重感。色彩饱和度和明度的变化细腻、缓慢时，给人以柔软感；反之，饱和度和明度的变化粗犷、急剧时，给人以强硬感。

第八章
声音效果

从“文字作品”到“影音作品”，从“画面的艺术”到“视听的艺术”，有声影视已经走过了百年的历史。现代科技的高速发展，也为短视频艺术带来了全新的发展机遇，使其逐渐演变成一种视听艺术形式。尤其是声音的塑造力得到了极大的提升，从最开始的有声电影到立体声再发展成为如今的环绕声，声音所带来的作用，甚至比画面给观众带来的震撼感更强。因而，一部短视频的成功正是源于其对听觉及视觉的完美结合，凭借声音的独特感染力，强化了短视频的立体感，以层次丰富的视觉盛宴充分地展示出短视频中人物的内心纠葛与情感世界，从感官上为给观众带来一种截然不同的体验感。

人对事物的认知与了解离不开眼睛与耳朵，声音传播信息的速度往往比眼睛看到的画面更快，声音能让人对事物产生更为直观的反应。声音是短视频的基本构成元素，它强化了短视频的艺术表现力和感染力。在短视频中，声音能够起到增强画面真实感、开拓信息传递、营造氛围、扩展视野的作用，它所表达的方式、效果及艺术境界是无可替代的，可以把短视频中想要传达给观众的故事背景、内容以及人物的所思所想诠释得更为多样化，情感也更为细腻。

短视频、电影和电视剧，这些长度不同，内容不一的影视作品，一脉相承，以其独有的声效和影像形式，相互作用，共同为广大受众提供丰富多彩的文化食量，共同讴歌着社会中的真、善、美，鞭挞着生活中的假、恶、丑。本章着重介绍声效的构成、特征和表现形式，以及它们之间的相互关系。

第一节　声音的三种表现形式

语音声、效果声和音乐声是声音的三种表现形式，它们相互作用，共同助力，为制作出更多更好优质精良的短视频，提供全方位、多角度、深层次的服务。下面分别介绍声音的这三种形式以及它们之间的联系。

一、基本概念解析

（一）语言声

语言是人类最重要的交流工具，而最早出现在人类社会的语言形式就是有声语言，其中既包括“音”的基本特性，也包括个性化的特点。人们利用这种语言形式来实现彼此之间的交流，常言道:“言为心声。”意为一个人的语言通常会在很大程度上体现出其个性、文化修养、社会地位，甚至连细微的情绪变化也能从中感受到。

语言声是声音的表现元素之一，在短视频中起着非常重要的作用。语言声主要是指有声语言，其往往与人们生活中常用的语言相似，这样不但有利于角色之间的交流，也能深化观众的理解。基于此，语言声是短视频声音中占比最大、信息量最多缺最易于理解的语言元素。语言声最主要的作用就是帮助观众理解作品的内在含义，还有就是通过语言这种元素完成叙事、表情等。

1. 语言声的概念

短视频中的语言声是指短视频作品中各种角色所发出的有声语言，比如视频中人物之间的对话、独白、旁白及解说等，这些语言在电影以及电视中的存在形式有所区别。其中，独白指的是用语言将人物的心理活动阐述出来，是来自人物内心的想法，是其思想活动的外在表现。旁白一般是代替作者或剧中角色对剧情内容进行必要的介绍或解释。在要求突出画面的前提下，旁白应该确保来源于画面，但不会过于重复、概括甚至脱离画面的内容。对白则是指剧中角色之间发生的对话。解说词同样是旁白的一种，其通常会出现在教学媒体编辑中。

2. 语言声的艺术特征

第一，语言声具有内在的关联性。若将短视频中的语言声进行单独分析，不难发现其并非一段完整的文字，语言声的出现要伴随特定的画面，在视频中，声音与画面的结合需要遵循一定的逻辑性，所以作品中的语言声虽断断续续，但其与剧情内容相吻合，具有内在联系，换言之，就是始终以一个中心来展开。

第二，语言声要尽可能地生活化、通俗化。一般来说，短视频中的语言声都是以口语形式存在的，其主要以实际生活为材料，经过适当加工与处理，加入视频中成为一种艺术形式的语言声，旨在帮助观众理解作品内容，再搭配相应的画面深化理解。若语言本身十分晦涩，可能会阻碍观众对作品的理解，甚至会无法发挥出画面的表现作用。

第三，语言声需要具备特定性。尤其是作品中角色的语言声，鉴于不同的人物有着不同的性格特点，因而其在声音上也会有所差异。比如性格急躁的人，大多语速较快，音量也比常人更大，无论是用词还是说话的语气都会相对强烈；反之，性格温和的人在说话时的语速缓慢，语气平和。除此之外，语言声的特定性也会因年龄、身份、社会地位、职业、思想水平及所处时间及地点的不同而表现出明显的差异。

第四，语言声应具备艺术性。作为传递视频作品信息及内涵的必要工具，语言声除了要有通俗性，还要有一定的艺术性。在做到丰富多彩的同时，也要做到言简意赅，充分地向观众展现语言的独特魅力，这些都是短视频作品所必需的元素，只有这样，才可以引起观众的共鸣，从而体现出作品的真正价值。

3. 短视频语言声的分类

如今，有关短视频语言声的分类尚未得出统一的结论。因此，本文主要从故事和纪录这两类短视频作品来研究语言声的类型。

（1）故事类短视频作品中的语言声。通常情况下，这种作品都是由演员来扮演特定的人物角色，其中所使用的语言声元素也因此称作角色语言，主要有以下四种：一是对白；二是独白；三是群声；四是画外音。

1）对白。对白也被称为对话，常见于故事类的短视频作品中，其主要是指画面中两个及以上人物角色之间进行的语言交流，在此期间，角色所使用的语言进而充分地体现出其个性特点，这也是语言声的造型功能，而与此功能有关的特点主要包括角色独有的音色、语气、语调以及节奏等，另外，角色在影片中所具有的身份、所处的时代背景以及地域特色等均与其有一定的关联。通常而言，对白不仅可以刻画出一个人物的性格特点，还能传达出人物的思想感情，并以此作为整个剧情的发展线索，在刻画人物矛盾的同时，也能奠定整部作品的基调及风格。总而言之，对白就是故事类短视频中的不可或缺的语言类型，可以说是整个故事开展的核心。

比如影片《桃姐》中，在播放到桃姐亲自寻找新佣人时，画面上出现了一段十分有趣的对白。

应征者甲（态度十分蛮横）：我先说清楚啊，危险犯法的事情我可不做啊，我不擦窗户、不洗厕所、也不擦油烟机的啊，我呢，从不洗男人的内衣内裤，既然说好了照顾一个，那就只能管一个……

桃姐：（无语地翻了翻眼皮）……

应征者乙（傲气十足）：我过去可是在中环上班的白领呢。要不是前两年公司倒闭后没找到合适的工作，我也不会选择做家政服务。

桃姐（完全不理会她之前说的话）：哦？那你平时用什么锅来煮饭哪？

应征者乙（自信慢慢）：煮饭肯定是用电饭锅了，婆婆。

桃姐：这位小姐，煮饭呀，只有用瓦锅煮的饭才香啊。

桃姐（对着应征者丙）：那你知道在哪能买到最新鲜的红杉鱼吗，最好是可以买到活的黄花鱼哦。因为我老板只吃清蒸的新鲜海鱼，他若是在香港呢，那你必须为他煲老火汤，每隔两天呢就要给他做点鱼胶、海参、鲍鱼什么的，是不是很简单啊。

应征者丙（十分气愤）：既然你老板这么了不起，我看你也别找人伺候他了，没人可以做到！你也不要浪费我们大家的时间了！（气愤离席）

这段对话看似十分滑稽，肯定也有不少观众这个时候在笑桃姐过于苛刻，但正是这段对话，更加充分地体现了桃姐对罗杰的深厚感情与细心，见视频8-1。

视频8-1（桃姐）

2）独白。独白最早出现在戏曲中，直到后来才被引用至视频作品中。在戏曲中，独白是指剧中角色第一次登场时口中所说的“定场白”，比如介绍自己的身份、籍贯以及当时的处境，简单来说，就是“自报家门”。而在短视频中，独白是指角色在视频中的自言自语，属于单向交流，一般是用于刻画说话人的内心感受及情绪变化。独白的形式分为两种：一是在影片中的自我交流；二是向其他人物角色进行陈述性的交流。这种独白要不是慷慨激昂，就是沉稳庄重，可以反映出说话者当时最主要的情绪。值得一提的是，独白在画面中是以有声语言的形式存在的。影片中的独白在充分表达了说话角色感情的同时，更推动了影片故事情节的发展，能够在一定程度上体现作品的风格，为作品定下感情基调。比如，一段独白能够与观众产生强烈共鸣，在电视剧《奋斗》的第一集中出现了这样一段独白：

老师，请留步。我们舍不得您，真的非常非常舍不得您，但我们也想告诉您，我们会离开您，工作奋斗、谈恋爱，这件事十分重要，我们一天也等不了，希望您能接受我们出发前的最后一句问候。

这一段全体学生的独白真切地道出了所有即将步入社会的学子们内心深处的想法，毕业后的奋斗之路必定荆棘丛生，困难重重，若没有一份如此坚决的决心与信念，又如何敢于面对前途未卜的人生呢？听到这段独白且已经毕业了的人必定会不由自主地产生共鸣，而尚未毕业的人也会因此而为之震撼。这种独白在引起观众共鸣感的同时，也明显起到了增色的作用。

3）群声。群声，也可称为背景人声或群杂声，主要是指说话人通常处于画面的次要位置或起到背景的作用，即人们常说的群演。无数个群演所说的话即为群声，比如法庭上的议论声、街上喧闹的人声等。由此可见，群声往往出现在人多的场面，很多人一起说话导致说话的具体内容很难听清。群声的作用就是烘托环境气氛，以展现人物所处的场面和境遇。

要了解群声的作用，不妨假想一个场景，主角是其中的焦点，而其周边则是一群议论纷纷或指手画脚的围观群众。尽管听不清他们的议论内容，但无论其是赞扬、感叹，还是批评或者唏嘘，观众都能从中感受到主角所处的环境氛围。

短视频中的群声更是烘托环境气氛的必要部分，熙熙攘攘的集市、喧闹的餐厅、拥挤不堪的地铁，这些环境都离不开群声的诠释。比如电影版的《武林外传》，其中就有一个十分典型的群声场景：祝无双带着“杀人犯”郭芙蓉走在大街上，被七侠镇的百姓围了个严严实实，人群中发出的吵闹声和大家起哄的声音，明确地表现出大家对郭芙蓉的嫌弃，欲除之而后快，见视频8-2。

视频8-2
（武林外传）

4）画外音 。从字面意思看不难发现，画外音就是指视频中在画面以外的声音运用，即并非由画面中的人物所发出的声音，而是画面之外的声音。

广义的画外音包括两种基本元素：一是语言；二是音响。语言主要有独白、旁白和解说的形式，它们的共同特点是，声音都是来自画面以外的人，不需要在画面里有与声音相吻合的角色口型。另外，在画面以外使用音响同样是一种十分重要的画外音表现形式，即画面中并未出现音响的声源，但添加音响却可以在很大程度上烘托出当时的气氛。相比之下，狭义的画外音则只指代独白、旁白以及解说这三种语言形式，作为影视语言，其均属于画外语言。可以这样来区分画外语言与画内语言：画内语言要求角色的语言跟口型完全吻合；但画外语言却没有相应的口型，甚至都没有与之对应的人物角色。

在故事类的短视频中，画外音分为旁白与内心独白这两种。

旁白通常是以第三人称的视角来对某个故事情节或人物进行点评、议论，尽管有时也会出现第一人称的旁白，但其叙事的角度是旁观者。旁白的主要作用是将整个故事发生的时间、地点、背景以及其中的人物关系介绍清楚，所用语言也较为客观，属于解释性口吻，不带个人情感色彩。比如电影《夜宴》的旁白：

早在公元907年，中国历史上曾被誉为大唐盛世的唐帝国在血与火中分崩离析，几支规模庞大的叛乱者相继创建了自己的王朝，这也是我国历史上记载的“五代十国”。该时期社会环境混乱不堪，各国战乱纷飞，朝堂之上已无净土，各种勾心斗角、尔虞我诈的戏码轮番上演，皇室父子、兄弟之间的亲情也被至高无上的皇权所瓦解，我们的故事就是发生在这一时期……

视频8-3（夜宴）

通过这段旁白，观众可以大致了解故事发生的时间、地点、故事背景，让观众知道故事将要围绕皇室内部之间的争斗而展开，利用旁白节省了镜头，简单明了，见视频8-3。

内心独白是指在故事类影视作品中，画面内角色不说话，画面外却传来该角色说话声音的形式。它是短视频作品中角色的内心与观众交流的一种语言方式，以第一人称的自述出现，也常被称为“心声”。内心独白与独白的区别在于，内心独白是画面外声音，而独白属于画面内声音。

在形式上，内心独白会依据剧情出现，是在剧情中产生的，具有跟剧情相关的即时性，并且会跟剧中故事人物其他形式的语言声有呼应，就好像不便开口说的话就在心里默默地说。在作用上，内心独白起到展示角色内心世界、代替角色说出角色此刻内心所感、所想的作用，往往是角色在矛盾、冲突或对抗的情况下产生的想法。

若将内心独白定义为角色的内心活动，同样有失偏颇。这是因为在现有的影视作品中，内心独白不仅是向观众传递自己的内心感悟及想说却未能说出口的话，更多的是向观众阐述了剧情的走向，以自我论述的方式将往事呈现在观众面前，其中包括自己这一路走来的见闻及感受，因而，这个时候的内心独白也起到了旁白的作用。甚至有时候，部分短视频导演故意以这种方式来模糊旁白与内心独白之间的界限，以此来获得意想不到的效果，在角色娓娓道来的时候既起到了叙述故事的作用，又说出了内心的潜台词，故事内容和人物形象都直接进入观众心里，使观众很快入戏。例如，《士兵突击》中王宝强扮演的许三多成为本剧的画外音，他那憨厚老实的声音为观众刻画出了一个性格鲜明的许三多形象，同时也为整部剧奠定了朴实的感情基调，将全剧的风格进行有效的统一。第二集有这样一段堪称经典的内心独白。

许三多：马上就要开始新兵连的生活了，我们在新兵连学会的第一句话，或者更为准确地说是骡子和马。在我们下榕树，没有人会注意到骡子与马之间的区别，但连长却非常认真地给我们说，骡子走人，马跟我上，所以我回去认真地翻了翻字典，字典上写道：“骡子是家畜，为马和驴交配所生，鬃短，尾巴有点扁，但生命力很强，通常无法生育，可以驮东西，也可以拉车。”我深入研究了一下骡子，因为发现其与马并不太相像，所以最后的答案并未让我满意。骡子与马的问题困扰了我很长时间，爸，大哥，还有不知道能不能看到这封信的二哥，你们好。我现在过得挺好的，睡得好、练得好。虽然我觉得自己练得不太好，可排长说挺好的。成才进步很快，现在已经是我的副班长了。明天要分兵，成才说我肯定可以被分到一个好连队，成才还说这是排长保证的，我可以摸着枪（见视频8-4）。

视频8-4
（士兵突击）

这段透着傻气的内心独白若是换其他任何人来说，都有可能会引起观众的反感，但是许三多他是认真地在说，认真到让我们所有人敬佩。剧中许三多近乎傻憨的形象和他朴实无华的语言，让整部剧的风格跟着淳朴起来，许三多的精神也成为当今这个社会最可贵的精神之一。由此可见，内心独白在影视作品中的作用日益显现。

（2）纪录类短视频作品中的语言声。纪录类的影视作品往往存在以下两种语言形式：一种是解说，另一种是同期声语言。

1）解说。解说是画外音中的一种，其主要作用是议论、评说、提示、解释等。解说一般在描述某个事件、连贯画面、介绍画面内容等情况下出现，利用语言的简洁易懂描述出很多用面面无法完成或不便完成的内容。例如，想介绍某个物品发生的历史故事，用画面很难达到再现，那么用语言的形式就可以描述得很完整，这也是纪录类短视频作品必须要用解说来解释的原因。比如，北京奥运全景纪实影片《筑梦2008》全部用胶片记录，历时七年拍摄完成，没有使用一个资料镜头，完全是拍摄素材精剪而成。影片用一个主线索穿插另外四个故事线索，以不同的视角诠释了中国人民对2008年奥运会的期待以及为之付出的努力，而让整个故事串联在一起的关键就在于解说，影片中的解说声通常是由导演顾筠来完成，即用自己的亲身经历来为观众做解说。这位青年女导演在回想起自己当时的内心感受时说道：

因我是第一见证者，所以在接下来的叙述中，无时无刻不会出现我的声音和相关采访，若画面存在尚未介绍的背景，那么我会用我的声音来为观众一一阐述。那么仅仅是这样，但是我自始至终没有去干预这个事件本身（见视频8-5）。

视频8-5
（筑梦2008）

2）同期声语言。纪录类短视频最大特点就是真实，而表现真实最重要的手段就是利用同期声。同期声包括了同期声语言和音响，其中同期声语言占了相当大的比重和分量。

（二）效果声

通常，为了获得更好的制作效果，都会为视频配上相符的效果声。简而言之，音效指的是用不同声音制造出来的听觉效果。效果声包括自然界的声音，也包括人造的声音。其中，前者主要分为风声、声雨、流水声以及鸟鸣声等；而后者大多是电铃声、汽车声以及马达声等。效果声的获取有以下三种方式：一是深入大自然去收集所需的声音；二是在拍摄现场收音；三是后期配置，这是因为部分声音很难收集，且现场收音效果不佳，才需要效果师进行事后处理。

1. 效果声的概念

效果声指的是由多种声音共同制造而成的效果，其目的是为了提高拍摄场景的真实感，营造出更为逼真的气氛或效果。因此，才会加上各种音效，比如数字音效以及环境音效。

（1）**数字音效**。数字音效，以下简称其为EQ模式，是指MP3不同的声音播放效果，不同的模式会为听众带来不同的效果与感受。与此同时，该模式最能彰显个人性格特点，为使用者创造更多的音乐体验。

（2）**环境音效**。环境音效不同于数字音效，其主要指的是借助数字音效处理器来处理声音，使之从听觉上给人一种身处不同空间的感受，例如大厅、影院、歌剧院、体育场等。就其本质而言，是从环境层面来过滤声音，还可对其进行环境移位、反射或过渡等多种处理，让听音者仿若置身于其他空间。该音效处理方式在计算机声卡上的应用频率较高，因此，越来越多的人开始采用组合音响。但不容忽视的是，环境音效同样有一定的缺陷，即处理声音处理时很难不对其中部分声音信息带来损害或者损失，导致最后模拟出来的效果与实际场景存在一定的出入，这也是为什么会有听众觉得这种声音很“假”的原因。

2. 效果声的两种基本类型

效果声包括以下两种基础类型：一是声场效果；二是声源效果，也可称为特殊效果。

（1）**声场效果**。声场效果指的是在直达声、早期反射声、后期混响声、残响时间（RT60）以及上述几种声音的相对声压级和延时时间的作用下，让听众听到的某种效果。若以数字混响效果器来对声场参数进行适当的调节，可获得不同的环境声场效果。声场效果一般是用来处理电影录音，或者现场的扩声系统。在仅有直达声却没有反射声的室外扩声或流动演出等系统中，可以让“干”的音效变成“干”“湿”得当、悦耳动听的声音。在相对较“干”的现场环境下，比如多功能会议厅，可以获得音乐厅、演播室、剧场等多种不同的现场效果，在后期制作短视频的时候可以模拟的方式来获得山谷中的回声等。

（2）**声源效果**。声源效果，也叫做特殊效果，它不同于声场效果，主要是以改变声源频谱结构的方式来改变声源的音色、音量以及音调。而可以进行调整的声源频谱参数主要有以下三种：一是频谱延迟的处理；二是混响声频谱的处理；三是频谱结构的再生。声源效果具有很多类型，比如合唱、回声、变调、颤音、镶边、移相、金属板混响器等多种效果。

3. 效果声在短视频中的作用

无论是在电影，还是在各种节目中，效果声都有着至关重要的作用。比如马蹄声、火车鸣笛声可有效渲染观众情绪，从听觉上描述剧情。另外，效果声同样能有助于美化剧中角色的动作，强化他们肢体动作及面部表情的表达效果；在故事还没有进入高潮之前，效果声可在很大程度上奠定后期的剧情基调。除了常见的喜、怒、哀、乐等情绪以外，还能对故事发生的时间、地点及关联人物的身份进行介绍。效果声因其独特的形象表达方式而在短视频中有着极为特殊的地位。

（1）**效果声的应用可有效诠释、渲染和揭示视频的主题。**作为一种能深刻影响人脑空间形象形成的方式，效果声在空间造型上显得格外具体、真实，且易于把握，比如火车进站时响起的鸣笛声、导弹发射瞬间的呼啸声、热闹市场的喧闹声等，人们一听到这些声音，就会不由自主地联想到与之对应的实际场景。视频中的效果声若有适当创新，不仅会明显激发观众的好奇心，还会起到深化主题的作用。

（2）**效果声的应用可提高画面的真实感。**若把一种效果声加入至另一种画面，那么该画面原本的空间就会被明显扩张，其内在含义也更为丰富。声音除了能帮助人们想象画面与各种场景，还能有效拓展画面本身的含义，使之更为生动形象，且有可能会得到良好的修饰效果。

（3）**效果声的应用可进一步补充并完善画面的表现。**好的效果声能引起人们的共鸣与联想，所以效果声相对来说是很抽象性的。效果声在为人带来理性美感情绪的同时，也能让每位观众结合自己的亲身体验、兴趣爱好进行适当的拓展与联想，以此来丰富原本的画面，使其更具有表现力。

（4）**效果声的应用可强化画面的表情。**一方面，效果声具有空间造型的功能，另一方面，还有极强的表情功能，其所传达的感情色彩极为浓烈，情绪色彩也十分鲜明，这是仅凭画面所不能做到的。因此，合理利用效果声的表情功能，可在很大程度上调动观众的情绪，从而吸引他们更加积极主动地参与剧情。

（5）**音乐或效果声的灵活运用可有效切换场景和各种画面。**在剪辑短视频作品的时候，不少制作者为了让整个画面看起来更和谐，使各种衔接更为连贯流畅，通常都会采用多种切换画面的方式与技巧，使其产生蒙太奇的效果。最为常见的方法就是效果声的应用，将上一个画面的声音延续到下一画面。除此之外，偶尔也会在上一个画面还没有结束的时候就加入下一场景的效果声，也可获得较好的编辑效果。

（6）**利用效果声来感染观众的情绪。**与画面相比较而言，效果声对情绪的调动和感染更具有说服力。在某些特殊情况下，效果声烘托气氛的效果比单纯的画面更为有效，更能准确地把握观众的心理。

（三）音乐声

音乐声是短视频艺术中的重要元素，音乐声的魅力是无限的，在短视频中，通过不同的音乐声来烘托人物的情绪和内心世界，让观众自己展开联想去感受剧情，独自领悟短视频的主题和真谛。

1. 音乐声的概念

对于音乐声来讲，主要指的是具备一定旋律、节奏或和声的人声或乐器声共同形成的特定艺术声音。

2. 音乐声的要素

从音乐声的要素构成来看，主要包括旋律和节奏。

（1）旋律：指的是不同类型、音量的乐音按照一定的节奏与标准有机统一结合到一起所形成的曲调。旋律是整个音乐形式中的重点，是音乐的灵魂。通常情况下，曲调的进行方向是难以预测与判断的，进行方向大致包括以下几种：水平进行、上行和下行。水平进行指的是相同音的进行方向；上行指的是由低音逐步过渡到高音的进行方向；下行则指的是由高音逐渐过渡到低音的进行方向。从曲调的进行方式来看，主要包括同音反复、级进和跳进。级进指的是按照整个音阶的相邻音进行；小跳指的是以三度为标准进行跳进；大跳指的是以四度及四度以上为标准进行跳进。

（2）节奏：指的是音乐进行过程中音的长短和强弱程度。节奏在整个音乐中起着支撑性的作用。关于节拍的概念，主要指的是音乐的重拍和弱拍按照一定规律交替重复进行所达到的效果。在我国传统音乐领域中将节拍解释为“板眼”，而“板”和“眼”则分别代表了强拍和弱拍。

3. 音乐声的分类

（1）主题音乐。在整个短视频的音乐构成中，主题音乐发挥着核心作用。结合视频的主题和内容，在它们的共同作用下构建出一定的音乐形象使得整体视频效果更加突出。通常来讲，当故事情节发展到顶峰或者主角出场时，才会出现主题音乐，而且主题音乐的形式主要以器乐曲为主。在部分视频中根据实际剧情的需要，也往往会选择哼唱的形式。

（2）背景音乐。对于背景音乐的概念来讲，主要指的是在短视频中随着故事情节的发展产生的音乐。一般是以乐器的声音为主。而背景音乐的产生通常是由创作者根据整个影片内容确立的，并且在整个影片中可以多次出现。

4. 音乐声对短视频的诠释作用

（1）塑造人物形象。在音乐的支持下，能使短视频中的人物形象更加生动。在短视频的制作过程中保证音乐声与画面的协调与统一，能够使人物形象的塑造效果更加显著。

以电影《指环王1：魔戒再现》为例，其中一个场景是在捡到魔戒的哈比特人比尔博·巴金斯的故乡夏尔，画面呈现出当地的民风淳厚，居民品德高尚，在配乐的选择上营造出耳目一新的感觉。小提琴拉出活泼、明快的节奏，然后锡口笛奏出婉转的旋律，从中体现出主人公善良、安逸的性格。随着画面的变换音乐又转化为大提琴，在这种氛围的烘托下使观众能够增强民族的认同感，同时也使得整个画面感更加强烈，有利于人物形象的塑造，见视频8-6。

视频8-6（魔戒）

视频8-7（红高粱）

（2）**渲染气氛。**有时画面往往难以激起观众的兴趣，而在音乐的支持下却能够为短视频画面打下坚实的基础，使得整个画面的感染力和视觉效果充分体现出来。以电影《红高粱》为例，当李大头去世后，老板娘就立马指挥下人清理住房的画面，能够充分展示出老板娘的欣喜。而在这一画面中的配乐是悠扬婉转的唢呐声，这也使观众能够明显体会到一种喜悦的氛围，见视频8-7。

（3）**进一步刻画出人物心理活动，表现出人们内心的情感波动。**不同类型的音乐声对人造成的情感体验也是不同的，在音乐声的影响下能够充分激发人物内心的激荡。从短视频的音乐声出现时机来看，在对人物内心感受进行表达的过程中往往会配以一定的音乐，从中体现出画面难以表现出的人物情感和感受。以电影《蓝宇》为例，在最后主人公悍东独身来到蓝雨故去之地。而实际上这一画面想表达的是“到了你出事的地方，我都会停下来，但内心并不会产生波动，因为你一直在我身边。”在画面呈现过程中，电影的背景音乐同时响起，“对你的思念是一天又一天，孤独的我还是没有改变，美丽的梦何时才能出现，亲爱的你好想再见你一面……”背景音乐与主人公的情感深深交织在一起，引起观众和主人公悍东之间的心灵共鸣，使得整个影片的艺术效果更加显著，见视频8-8。

视频8-8（蓝宇）

（4）**推动故事情节发展的作用。**通常情况下，短视频中往往都具备一条情感主线，或是欢乐，或是悲伤，或是赞扬。而在对这些情感进行诠释和表达的过程中往往需要利用一定的音乐元素来烘托。同时，这种音乐往往在整个视频的各个环节中都有着深刻体现。以电影《父子情深》为例，该影片主要表达的是，一个父亲为了维持生计终日在外奔波，导致儿子难以在生活中感受到父爱，而在儿子临终前，父亲陷入自责和愧疚的情绪，久久难以释怀。在整部电影中，一共出现了4次主题音乐，伴随着儿子的命运出现转折的时间节点，有效推动了整个故事慢慢走向高潮，在整个影片中占据重要地位。

二、语言声、效果声和音乐声三者之间的关系

声音在整个短视频中发挥着基础性的作用，缺乏声音，视频就仿佛失去了整个灵魂支撑。语言声、效果声和音乐声三者之间互相关联、互相补充、互相作用。语言声可以引导观众，音乐声可渲染氛围、烘托情感、深化主题，效果声则交代环境，让观众的体验更加真实。

对于短视频来讲，语言声和音乐声是效果声的前提和基础，为了达到更好的效果声，不仅要调整语言声幅度的平稳、生动和精确，而且还要把握音乐声旋律的简洁、明快和舒缓，只有保持语言声和音乐声的语音连贯，起伏一致，才能取得完美的视听效果。效果声是一部优秀短视频的灵魂，它既要有语言声的抒情特点，又要有音乐声独特的艺术特性，既要有精粹纯美的语言声来表达人物的性格和心理，又要有优美动听的音乐声来烘托故事的情节和环境。因此，以最好的方式处理好语言声和音乐声的关系，将其统一融合在有强烈艺术感染力和审美价值的效果声之中，是检验一部短视频是否精良的关键和基础。

第二节　选取合适的音乐和歌曲

音乐、歌曲是短视频的重要组成部分，如何能够更好地分解适合视频主题的音乐和歌曲，为我所用，取我所需，就成为短视频制作成败的关键所在。

一、如何选取适合短视频主旨的音乐和歌曲

短视频的音乐和歌曲是表达主题思想、基本情绪或主要人物性格的，合适的音乐和歌曲会使视频的主题更具吸引力。因此，如何选取符合短视频主旨的音乐、歌曲就尤为关键。

（一）选取短视频的音乐和歌曲，要以深化主题为先导

一首好的短视频音乐和歌曲，要能完美地融入视频之中，进而成为整部视频的灵魂，在各个情节片段都能得到恰到好处淋漓尽致地发挥，看似无形却有形地渗入其中，

与画面互相辉映，使受众得到更深刻的感受，深入人心。运用音乐和歌曲这一独特的方式来深化视频主题，使其发挥着无法替代的作用。

（二）选取短视频的音乐和歌曲，要以符合主题为原则

短视频是光影声像相结合的艺术，音乐能够对情绪性和非情绪性含义进行有效传递。对于短视频来讲，音乐和歌曲在其中扮演着重要的角色，是对整个视频的具体表现，在整个视频中发挥着关键性的作用。在选择音乐和歌曲过程中，既要保证与主题相契合，还必须遵循一个原则，即必须要符合短视频的主题。不同的主题的短视频需要不同类型的音乐和歌曲来烘托。而音乐和歌曲的优势主要体现在表达情绪方面，能够与整个影片主题产生密切的联系，充分展现出艺术的魅力。

（三）选取短视频的音乐和歌曲，要以表现主题为目标

从整个短视频的发展过程来看，音乐和歌曲不是短视频的必要组成部分，但却是短视频的重要组成部分。并且随着短视频技术手段的不断成熟，音乐和歌曲与视频的关系将会越来越紧密。短视频是一门综合性艺术，同时也是一种复杂的艺术形式。它的复杂性表现在一部短视频是由多种元素组合在一起的，比如美术、灯光、服装、场景等。视频音乐和歌曲能够与这些元素结合起来，相互配合，共同表现视频的主题，为短视频的成功起到了画龙点睛的作用。

综上所述，短视频的音乐和歌曲要以这三方面为核心进行选取，才能做到更加地科学、合理，才能更加贴合短视频的主导思想。音乐和歌曲的功能远比我们想象的更加强大，它以特有的旋律和节奏等要素为视频增添深远的意境、浓厚的历史气息和意味深长的文化意味。

二、如何分解音乐、歌曲，取我所需

短视频现场拍摄部分结束后，选取和制作符合视频主题的音乐和歌曲，就成为摆在制作人员面前的首要任务了。一般音乐编辑会先寻找一些现成的音乐作为测试音轨配到视频中，给导演和作曲家一个概念。作曲家根据这个，开始构思音乐和歌曲的灵感，等到作曲家写好音乐和歌曲后，邀请乐队进行录音。而为了保证音乐和电影画面的协调统一，音乐编辑会总结出其中需要保持的同步点，并在此基础上由作曲家对上述同步点进行有效连接。在当前的短视频音乐编辑过程中，大部分都是使用节拍器音轨，音乐的编辑工作都在数字音乐工作站中进行。接下来，音乐剪辑将录制好的音乐根据整个电影

情节和画面进行合理剪辑对接，并利用音乐工程中分轨部分对与画面协调的音乐进行创作，保证剪辑的音乐与画面能够适应。在上述步骤共同支持下一首与主题相符合的音乐和歌曲才得以产生。例如，在电影《星际穿越》中作曲家汉斯·季默与诺兰导演的合作经历，就是这种模式的完美诠释。

音乐和歌曲体现着短视频的中心思想和艺术构思，是短视频这门综合艺术的有机组成部分。它在配合情节发展和场景变化，突出视频的抒情性、戏剧性和氛围性等方面都能起到渲染和烘托的特殊作用。

第三节　短视频声音的制作

声音的录制是关乎整个短视频制作成败的重要环节，短视频声音的制作分为两大部分：同期录音和后期制作。

一、同期录音

一般我们来到拍摄现场，看到剧组拍戏，首先映入眼帘的就是两位工作人员正高举一根杆子面对表演区，这实际上就是整个短视频声音录制的第一步。同期录音主要由麦克风吊杆操作员（boom operator）和混音师（sound mixer）负责，部分条件下也被叫作现场混音师（production sound mixer）或录音师（sound recordist）。他们的工作是根据负责督导视频声音部分的声音设计师（sound designer）与导演商定的关于整个视频声音的各项指标，进行现场录音。吊杆操作员对麦克风进行合理操作，在保证能够录取声音的前提下不会对整个画面造成影响。而录音师则负责对麦克风中的声音进行记录。现阶段，在大部分短视频的拍摄过程中都采用现场同期录音的形式，在这种方式下导致声音录制的困难程度有所提高，主要原因在于在具体录制过程中通常会受到不确定因素的影响，特别是现场环境的影响。而要想保证声音录制工作的顺利完成，就需要剧组制片部门的沟通和努力，协调好整个剧组内的各个部门和相关工作人员顺利完成声音的录制。而对于录音组来讲，既需要提供相应的录音设备之外，其中助理和麦克风操作员对于整个录制工作来讲也发挥着不可代替的作用。有经验的话筒员会对剧本台词有着深刻的理解与认识，准确掌握为演员递话筒的时机，既保证声音能够录到的同时也不会破坏整个视频画面，这对于整个电影的制作起着重要的积极作用。而到了这一阶段同期录音工作已经基本完成，其余部分就需要根据实际需求对部分特殊道具和特殊音效加以合理添加。但需要注意的是，并不是任何声音都是从拍摄现场录制的。声音效果、补录对白及音乐等往往是在其他地点录制并后期添加到影片中的。

二、后期制作

实际上，整个声音录制工作的重点内容大多产生在杀青以后。短视频声音的后期制作有着严格的标准与规范：对白录音、环境剪辑、动效剪辑（foley）、特殊效果剪辑、音乐剪辑、终混。下面就对声音后期制作的各组成部分作一介绍。

（一）对白录音（Auto Dialogue Replace-ADR）

这一内容指的根据导演的要求让配音演员或戏中演员进行对白的录制，由于受到某些场景中环境声音的影响，所以需要对演员的对白进行补录处理，需要保证与同期声音相符，口型保持对应，景别描述清晰。将同期对白素材和补录Session相结合，同时融入同期场景环境中。但需要注意的是应将其编入独立的总线，保证能够在混录环节进行有效的调整。

（二）环境剪辑

主要指的是在镜头场景的支持下对同期素材和补录素材的声音进行剪辑，筛选出符合要求的素材并将其整理到Session中，按照剪辑单进行统计记录。在相关标准与要求下将环境素材混录和混缩轨道进行输出，保证声音关系的准确合理。实际上，影片中的风声、雨声等大多都是在这个环节中产生的。

（三）动效剪辑

在整个声音制作环节中，这一环节趣味性是最强的。具体是指在动效录音棚的设备支持下对人物产生的非对白声音进行录制。包括脚步声、摩擦声等。由于电影创作的特点，会要求录制一些特殊的音响效果，而这就对动效声音录音师的经验水平提出了更高的要求，能够准确进行编辑对点，声音准确并且动效效果能够满足要求。

（四）特殊效果剪辑

特效剪辑大多在商业片中使用，指的是对非真实的声音进行描述。包括战斗场景、枪声等，这一环节是整个声音制作过程中相对复杂的部分，既要保证效果的同时还要与画面中的各个部分声音相统一，同时其对动态范围的要求也更加严格。

（五）音乐剪辑

指的是将录制完毕的声音按照导演的要求进行剪辑对点，并在音乐工程中分轨部分的支持下形成与画面相符合的音乐，保证剪辑出的音乐能够充分满足市场和画面转化的要求。在这一环节中需预混，将音乐混录为5.1和7.1声道或者全景声的素材，在不同类型效果器的作用下保证听感呈现出明显的层次感。

（六）终混

指的是将上述各个预混环节中产生的声音进行统一合并，对各个环节的声音按照一定的比例要求进行混合，并保证声音动态，混音成观众能够直观感受到的短视频声音。

综上所述，声音录制在整个短视频制作过程中发挥着关键性的作用，声音的表现力丰富了短视频的艺术魅力，它会让视频变得更加真实生动和形象逼真，也更容易给人留下深刻的印象。好的声音不仅能够满足影片主体需求，而且能够提高作品的影响力和感染力。各种不同类型的声音元素在短视频中进行有效结合既能够起到丰富视频声音作用的同时，还能将作品的艺术魅力充分展现出来。置身在这种逼真环境中的观众，在声音的引导和影响下能够充分激发其想象力，同时在这一过程中产生更加深刻的感受。视听感觉是相互联系和相互影响的。在缺乏声音的支持下仅仅依靠单一的视觉画面，是无法满足观众的心理需求和观看需求的。声音与视频画面的共同作用，推动了作品的故事情节发展，同时也实现了对艺术形象的塑造。

第九章
剪辑艺术

短视频虽然没有电影和电视剧的播放长度长，但它拥有着和它们一样的拍摄和制作的过程，俗语说“麻雀虽小五脏俱全”。它们都需要经过拍摄、剪辑、合成以及后期制作这些环节，才能最后形成一个完整的影视作品，呈现在广大受众的面前。

法国新浪潮电影导演戈达尔认为：剪辑在整个电影创作过程中发挥着基础性的作用。短视频的剪辑工作，兼具了技术性和艺术性双面功能，是一个声音与画面再创造的艺术过程，将两者有效联结到一起，才能够保证整个视频达到的效果更富有感染力和渲染力。

本章重点介绍剪辑艺术的原理、分类和使用的软件，以及其在视频创作中所起的巨大作用。

第一节 蒙太奇原理

早在19世纪末，电视等多媒体尚未产生和应用时，电影大师们在创作过程中就逐渐重视对蒙太奇原理的应用，从而保证整个电影效果能够产生质的变化。在这一原理的应用过程中使得当前电影创作的艺术效果得到了显著的增强，同时也使得整个作品更富有艺术魅力。对于蒙太奇原理来讲，主要指的是在电影创作过程中涉及的表现和叙述手法，在实际应用过程中将不同地点、不同距离、不同角度甚至不同拍摄手法的镜头进行集中统一，并按照相关标准进行重新排列组合，以达到描述故事概况、刻画人物形象的目的。基于此，在蒙太奇原理的支持下彻底打破了以往时空上的局限性，逐渐形成了较现实生活的时间和空间，有着一定区别和差异的影视时间和空间。当前的影视艺术手段逐渐呈现出多样化的特点，既重视与现代数字技术相结合，同时还重视对蒙太奇等经典技法加以深化。

一、蒙太奇原理基本概念解析

对于蒙太奇原理的概念来讲，其叫法最初是由法文Montage音译而来的。而最开始是法语中的建筑学术语，可理解为构建、装配。在影视艺术领域当中，将其理解为有意涵的时空人为地拼贴剪辑手法。随着时间的推移，其适用范围并不仅仅局限于电影艺术，同时还逐渐普及到视觉艺术甚至室内设计等诸多相关领域当中。

蒙太奇原理作为短视频艺术的重要组成部分以及个性的表现手法，不仅对拍摄中的视频和音频处理具有非常重要的指导作用，而且对短视频的整体结构也具有十分重要的把控作用。蒙太奇原理被借用到影视制作，表示镜头的组接，在影视拍摄过程中表现为剪辑和组成，实际上它是电影的构成形式和方法的统一集中。从整个短视频的制作过程来看，其在剧本或视频主旨的支持下，分别拍摄成多组镜头，并基于预先设定的创作构思的支持下，将上述镜头按照相关标准与要求进行组织、排序和剪辑，从而使得各个镜头之间能够保持某种联系，并在此基础上产生速度不同的节奏，使其成为一部能够反映一定社会生活和思想情感，能够为广大观众接受和中意的短视频。而上述内容中涉及的构成形式和方法，均在蒙太奇原理的范围之内。

通俗来讲，蒙太奇原理就是结合视频内容以及观众心理预期，将一部影片分别排位多组不同类型的镜头，并基于原定构想的支持下将镜头进行重新排列和组成。实际上，蒙太奇就是将分切的镜头重新组织排列的手段。

二、蒙太奇原理的分类

从蒙太奇原理的功能构成来看，主要分为两方面：即叙事和表意。而在此基础上可以将蒙太奇划分为：叙事蒙太奇、表现蒙太奇、理性蒙太奇。其中第一种主要侧重于叙事，而后两种则以表意为重点。

（一）叙事蒙太奇

对于这类蒙太奇来讲，是当前影视作品中作为常见、应用最为广泛的叙事手段。从其特点来看，主要以叙述故事情节、描绘故事概括为重点，根据故事情节发展的时间、因果关系等因素对镜头、画面等进行相应的排列和组合，以起到能够让广大观众理解和掌握剧情的效果。对于叙事蒙太奇来讲，其组接严谨、富有逻辑性，并且便于让观众理解。从其技巧来看，主要包括以下几方面：

1. 平行蒙太奇

对于平行蒙太奇来讲，通常表现为不同时空、不同地域的两条及以上同时发生的情节线或故事情节的主线和副线。两者单独进行叙述但均在同一结构内。对于蒙太奇在影视创作过程中得到了很大程度上的普及和推广，主要原因在于其在处理剧情的过程中，能够对整个流程进行适当简化，使得画面篇幅得到一定程度上的缩减，使得影视作品的容量和表达空间有着进一步的扩大，并且还能起到增强节奏的作用。不仅如此，由于这种手法是多条线索保持平行状态的，因此在相互影响、相互作用的过程中能够产生强烈的对比效果，从而使得艺术效果更加明显。在《南征北战》中敌我双方抢占摩天岭的场景就是利用这种手法表现的，将整个艺术效果很好地展现了出来，见视频9-1。

视频9-1
（南征北战）

2. 交叉蒙太奇

对于这种蒙太奇来讲，主要指的是将同一时间内不同地区的两条或几条情节线迅速频繁的交替剪接到一起，并且其中某一条线索的发展往往与其他线索有着较为直接的联系，各条线索相互联系、相互作用最终统一集合到一起。对于这种手法来讲，能够轻易营造出紧张、激烈的氛围，并起到进一步激发矛盾的效果，同时还有利于掌握观众情绪，因此在通常情况下，该类手法主要用于惊险片、恐怖片以及战争片中。其中《南征北战》中抢渡大沙河的场景，就是利用该手法将敌我双方奔赴大沙河以及游击队炸水坝的线索交替剪接到一起，从而营造出了一种紧张、扣人心弦的战斗场景，见视频9-2。

视频9-2
（南征北战）

3. 重复蒙太奇

具体来讲，主要指的是具有一定内涵的镜头在关键时刻多次重复出现，以达到重点强调的目的，进一步加深观众的印象，突出影视作品的主体。其中《战舰波将金号》中的夹鼻眼镜和那面象征革命的红旗，都多次在影片中出现，使得整个影片结构更加紧凑和全面，见视频9-3。

视频9-3
（战舰波将金号）

4. 连续蒙太奇

较平行蒙太奇和交叉蒙太奇不同的是，这种蒙太奇仅仅以单一的情节线索或某一连贯动作作为重点，按照整个事件的逻辑、有节奏地对故事进行描述。这样做的好处时，使得整个故事的描述更加流畅，自然能够保证整个影片作品层次清晰、脉络明确，便于观众理解。但该手法同样存在一定的局限性，那就是并不重视对时空和场面的更迭和变换，难以对相同时间发生的情节进行同时展示，容易造成整个故事过于拖沓。基于此，在影视作品中这类手法往往不是单独出现的，而是与交叉蒙太奇等多种手法共同使用的。

以影片《疯狂的石头》其中的一个场景为例：三个骗子进了一间旅馆，老大一开灯，脸色慌张，而老二一看也是脸色大变。这时老大随手从桌子上拿起了一把菜刀扔向前方。镜头随着菜刀移动的方向迁移直到砍到床头柜上。而此时床上正躺着谢小盟和老大的老婆。这一场景的描述主要就是利用连续蒙太奇实现的。而在这种叙事手法的支持下，使得整个事件富有逻辑和节奏，见视频9-4。

视频9-4
（疯狂的石头）

（二）表现蒙太奇

而对于这种蒙太奇来讲，就是在镜头序列的支持下，将相连镜头在形式或内容方面相联系，从而在它们的共同作用下产生更加深层次的内涵，以达到对某种思想或情绪进行表现的目的。充分激发观众的想象力。

1. 抒情蒙太奇

对于这一蒙太奇来讲，指的是在保证叙事阿和描述的连贯性的前提下，对更深层次的情感和思想进行充分表达。让·米特里曾经明确表示，它原本的目的在于对故事情节进行描述，但在应用过程中却更加倾向于渲染。具备深刻意义的事件被分解为一系列近景或特写，从不同的角度对事物的本质和内涵进行挖掘，并且对事物的特点加以渲染。其中最为普遍的蒙太奇就是将叙事场面结束后，在恰当的时机切入体现情感、思想的空镜头。以苏联影片《乡村女教师》为例，其影片中瓦尔瓦拉和马尔蒂诺夫最终走到了一起，马尔蒂诺夫向她问道会不会一直等他。她回答说："一直会等他！"随后整个画面切入到了两个盛开的鲜花上面，虽然与整个故事并不具备直接的联系，但却在一定程度上表达了主人公以及作者的思想和情感。

2. 心理蒙太奇

心理蒙太奇主要侧重于对人们心理的描述和刻画。具体来讲，它利用画面或声画的有机结合，对人们的内心进行了生动形象的刻画，通常来讲主要侧重于对任务的梦境、记忆、幻觉以及遐想等思维活动的描述和刻画。而在剪接手法的选择上多以交叉穿插等方式为主，其主要表现特征为画面和声音的片段性、叙述的不连贯性以及节奏的跳跃性，并且还能够对剧中人物的主观意愿进行强烈的表达。以影片《这个杀手不太冷》为例，就在该手法的支持下对主人公的内心世界进行了描述，见视频9-5。

视频9-5
（这个杀手不太冷）

3. 隐喻蒙太奇

对于隐喻蒙太奇来讲，其指的是利用镜头或场面的类型，并作者想要表达的更深层次的含义进行充分展示。对于这种手法来讲，在通常情况下能够不同事物之间存在的类似的特征加以充分表现出来，从而激发观众充足的想象力，进而能够感受到作者的深层次内涵以及整个事件的主旨。对于该手法来讲，侧重于将综合全面的概括与简洁性的表现手法相联系，进一步突出情绪感染力。但需要注意的是，在对该手法进行应用过程中应保证隐喻和叙述相结合，从而保证整体的协调感和流畅感，便于让观众理解。以普多夫金《母亲》为例，在其中将工人游行的画面与春天河水解冻的场景联系到一起，用来那是革命运动的整体发展趋势。

4. 对比蒙太奇

对于这类蒙太奇来讲，其与文学手法中的对比描写相类似，也就是说通过对不同内容的镜头或场面之间进行来回切换，例如贫富、苦乐、生死以及成功和失败等在场景、色彩以及声音等方面形成强烈的对比，以起到突出作用某种特点或思想的效果。其中以《疯狂的石头》为例，其中就出现了两类不同的骗子，其中一种是国际大盗，而另一种则是市井中的骗子，两者的身份有着较大的差距。但均为了共同的目标各自施展手段，这实际上就体现了某种层面上的对比，见视频9-6。

视频9-6
（疯狂的石头）

（三）理性蒙太奇

理性蒙太奇主要体现的是画面之间的关系，并不是单纯的按照次序地对故事进行叙述。而通过将理性蒙太奇同连贯性叙事进行对比发现，两者的差异在于，虽然画面是真实发生过的客观事实，但在理性蒙太奇的影响下往往会保留一定的主观性。其具体类型包括：

1. 杂耍蒙太奇

对于这种手法来讲，能够按照主观意愿对内容进行调整，并不受到原本剧情的限制和影响，从而保证主题能够进一步突出。而这与表现蒙太奇不同的是，其对理想的重视程度更高，并且在这一过程中也更加抽象化。而为了突出这一效果，在整个剧情中往往会掺杂着与故事情节并不具备联系的镜头。以影片《十月》为例，当对孟什维克代表发言进行表现时，插入了弹竖琴的手的镜头，造成了引人遐想的效果。进而引导观众逐渐参与到了这一过程中，并在主观上与这种倾向保持一致。

2. 反射蒙太奇

对于这类手法来讲，其较杂耍蒙太奇相比有着根本上的区别和差异。其所描述的事物和比喻的事物通常处于相同空间内，且彼此之间具备着密切的联系：或是为了与该事件进行对比，或是为了激发观众的想象力，或是为了进一步明确组接在一起的事物的联系，对剧中类似事件的出现进行说明，从而进一步增强观众的感受。以影片《十月》为例，克伦斯基在部长们簇拥下来到冬宫，而其中一个镜头突出了他头顶的一根画柱，并且柱头上还配有雕饰，就如同笼罩在克伦斯基头上的光环，给予了独裁者无上的荣耀。而这一镜头之所以与整个情节和画面都异常和谐，主要原因是这一雕饰是真实存在的，是戏剧空间中存在的客观事物，利用一定手段进行加工，以达到突出剧情效果的目的。

3. 思想蒙太奇

对于这种类型来讲，其主要以抽象性为主要特点，主要原因在于其主要侧重于对思想和情感进行表现。观众事不关己的态度，在银幕和他们之间形成了“间离效果”，从而突出其参与的理性。

以罗姆导演的《普通法西斯》为例，思想蒙太奇就在其中有着突出体现。在这部影片中对思考性和诗意表达有着深刻的体现。思想蒙太奇的表现形式在这部影片里得到近乎完美的绽放。影片结束前，出现了许多张饱含思想的面孔，他们口中诉说着强有力的声音，其中蕴含着深邃、机智、朴实的哲理。

第二节　剪辑——二次创作

剪辑是整个创作过程的重要内容。它的构成共分为两部分，即剪与辑。但两者之间往往相互影响、相互作用，存在着较为密切的联系。实际上，剪与辑是统一的、密不可分的。任何将两者分离的理论或做法都是不合理的。将拍摄的镜头、段落进行合理的裁剪，并在相应结构的支持下进行恰当的组接，这就是整个剪辑的所有流程和环节。另外，不管剪辑存在哪种观念，选择哪种手法，剪辑对短视频再创作的作用都应是进一步突出的。

从短视频制作的特点来看，其中一个重要表现方面就是“多次创作”，以短视频制作的角度进行分析，“一次创作”的概念指的是导演和摄影师等工作人员，按照整体构思，将剧本的内容利用摄影机、录音机等设备将其在不同场景、镜头中呈现，并将其记录到存储介质中。而这一摄制过程就是“一次创作”的过程。而对于“二次创作”来讲，在导员的剪辑的共同作用下，利用剪辑的方式将拍摄的原始素材画面和声音按照剧本内容进行划分，并组接成富有逻辑感的影像和画面。由此可以看出，一次创作指的是将文学剧本影像化，而二次创作则是将影像化提升为可供观看并易被记住的视觉化。

一、剪辑基本概念

剪辑（Film editing），是指将影片制作过程中涉及的素材，经过筛选、分解和组接等操作，最终形成一个富有逻辑性的、连续的并且能够体现主题的作品。

“剪辑”在英文中将其翻译为“编辑”，而德语中译为“裁剪”，而在法语中，它则是“构成、装配”的意思，原为建筑学术语，后来才被用于影视方面。而从我国影视领域的发展历程来看，主要将其解释为“剪辑”。具体来讲，既体现了德语中那种直接切断胶片的感觉，同时还体现了英语和法语中的“编辑”的含义。而在对“蒙太奇”进行理解时，大多将其理解为剪辑过程中存在某种效果的手段。从剪辑的整个发展历程来看，其最初是由美国导演格里菲斯进行应用的。对于短视频的制作过程来讲，剪辑在其中发挥着关键性的作用，同时也是整个艺术创作过程的重要组成部分。

二、剪辑的基本原则

剪辑作为短视频制作的一个重点方面，它需要依据总体构思，将前期采集来的拍摄素材和图片资料进行分解和重新组合，然后对其进行编辑，运用蒙太奇技巧，对镜头进行有机的衔接、组合、调整和修饰，利用这些素材制作出一档完整而全新的短视频节目。假如说掌握熟悉镜头组接技巧是剪辑的前提和基础，而对整个时代发展趋势和审理方向进行理解和掌握，迎合观众的心理需求则体现了剪辑的内涵。

对于一个短视频来说，视频整体的节奏非常重要，一个良好的节奏可以让短视频更加吸引观众，增强视频的质量，提高视频的总体效果。因此只有符合逻辑的视频剪辑才能更好地表达视频本身想要传达的意思。

剪辑的基本原则要符合镜头的组接规律，首先景别的变化要符合逻辑，循序渐进，通常在叙事表现中会采用“全景——中景——近景——特写，再由特写——近景——中景——全景”表现人物情绪的变化，或是时间发展的过程。但是在镜头组接的时候，如果遇到同一机位，同景别又是同一主体的画面是不能组接的。因为这样拍摄出来的镜头景物变化小，一幅幅画面看起来雷同，接在一起好像同一镜头不停地重复，会破坏画面的连续性。其次镜头组接要遵循动从动、静接静的规律，如果画面中同一主体或不同主体的动作是连贯的，可以动作接动作，达到顺畅，简洁过渡的目的，简称为“动接动”；如果两个画面中的主体运动是不连贯的，或者它们中间有停顿时，那么这两个镜头的组接，必须在前一个画面主体做完一个完整动作停下来后，接上一个从静止到开始的运动镜头，这就是“静接静”。运动镜头和固定镜头的组接同样要遵循这个规律，前一个镜头的结尾处叫“落幅”，而与它组接的镜头运动前静止的片刻叫“起幅”。当然，在大的剪辑原则下还要符合正常的生活规律和思维认知规律。

第三节　剪辑软件介绍

古语有云：“工欲善其事，必先利其器”。若想使剪辑艺术实现完美的二次创作，必须要借助品质优良的工具，将先进的剪辑技术和介质，应用于短视频的制作之中。

一、剪辑软件基本概念

视频剪辑软件，指的是对视频源进行非线性编辑的一种软件，其本质上属于多媒体的制作软件类别。这种软件主要以加入图片、特效、场景及背景音乐等素材，实现与视频的混合，与此同时，进一步切割视频源，再将其合并，经过两次编码，最后生成不同效果的新视频。

视频剪辑软件的主要通过以下两种方式来剪辑视频：一是直接剪辑，不作任何转换处理；二是以转换的方式来剪辑，在多媒体这一领域，同样被称为剪辑转换。前者的技术特点表现为不用处理片源，而是按照用户指令，直接搜索出分割点，再将视频剪成若干段，该剪辑方式的好处在于，不用进行复杂的数据运算，分割速度较快；其缺点在于所导入的格式兼容性较低，不能改变格式。后者的技术特点为，按照用户所发出的指令搜索出分割点，在编解码期间根据不同的分割点来自行终止编解码，该方式的优点在于兼容性较高，可以进行格式转换。

二、常用剪辑软件介绍

（一）会声会影

会声会影，作为一种剪辑、编辑并制作高清视频的软件，所具有的功能十分丰富，操作简便灵活，且有关视频的编辑，其相关的步骤清楚简洁，即便是初学者也可以在软件的引导下轻易地制作出较好的视频作品，界面如图9-1所示。该软件的功能有捕获、编辑以及分享，还有许多相关的功能。有超过一百种特效、滤镜以及覆叠效果，标题样式也多种多样，用户可借助这些元素对影片进行修饰和编辑，从而令影片效果更为生动。利用该软件中的高级编辑模块，可以呈现出超过1000种精美特效，音频工具、平移、缩放、蓝幕以及DVD的动态选单等功能对用户也十分友好。

图9-1“会声会影”软件界面

对于很多想体验编辑视频乐趣但又不想浪费过多时间精力的初级用户来说，会声会影因其强大的功能选择及简单的操作而成为首选。该软件不仅可以编辑视频，还能用来刻录光盘，制作电子相册、贺卡、广告、课件等。

（二）快剪辑

如图9-2所示，“快剪辑”是由360公司推出的我国第一款在线视频剪辑软件，该软件支持本地视频与全网视频的在线录制和剪辑。软件的边看边剪的功能更是满足了广大自媒体人的工作需求，既能迅速选择素材制作成短视频，还能切实提升生

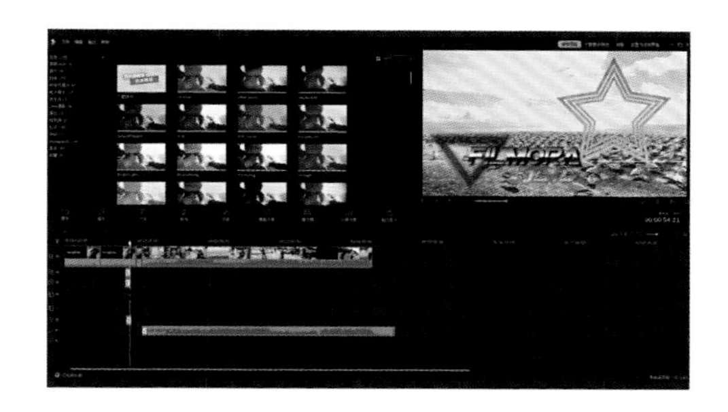

图9-2“快剪辑”软件界面

产及制作视频的工作效率；用户可随意使用其内部的特效文字、音乐素材库、画面效果等资源，整个产品的界面十分简洁，且所有的素材功能均免费开放，没有内置广告。除此之外，“快剪辑”只有40兆，十分精简。

（三）爱剪辑

如图9-3所示，“爱剪辑”不仅是最易上手的视频剪辑软件，也是我国第一款全能视频剪辑软件，爱剪辑团队凭借十多年的研发经验及实力，历时六年多才推出这个免费且功能超强的视频剪辑软件。爱剪辑颠覆了传统剪辑产品给用户留下的印象，结合国人的使用习惯、审美取向以及功能需求来设计，可以让人们自由发挥自己的创意与想法，成为视频作品中的导演。

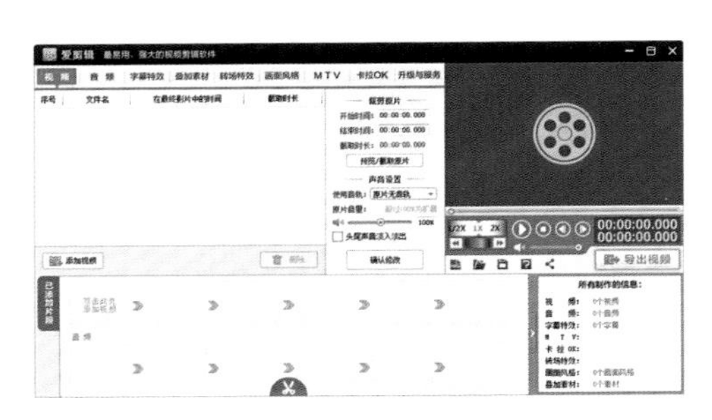

图9-3“爱剪辑”软件界面

（四）Avid Media Composer

相比于上述视频剪辑软件，Avid Media Composer则是专门为满足后期制作人员而设计的专业产品，如图9-4所示。一经问世，其系统就已成为非线性影片及视频编辑的标准，再加上堪称完美的Media Composer工具集，专业编辑功能无出其右。

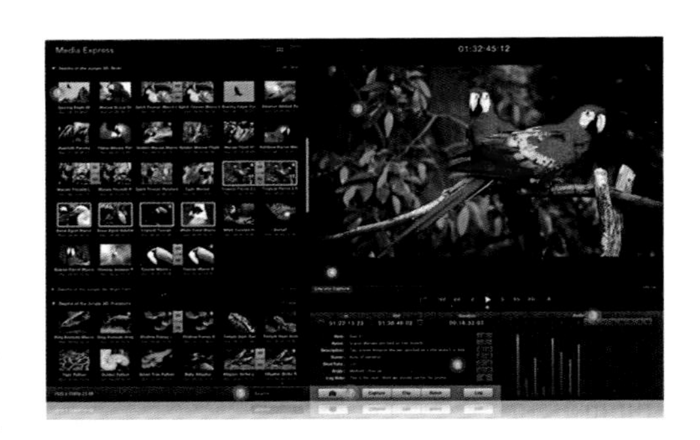

图9-4 Media Composer软件界面

如今，Media Composer编辑系统较之以往更受世界各国创新影片及视频制作专业人士、新媒体从业者以及后期制作工作室的欢迎与喜爱。目前尚没有出现任何一个系统可以完全取代Media Composer，其工具集的完整、格式的超强支持以及媒体管理性能的高品质已经实现了无缝式的统一，从HD多镜头素材的拍摄或录制到HD日常媒体数据的记录，该系统一直都代表着业内的一流水平。对于创造性专业人士而言，拓展后的Media Composer系列产品，借助组合式的解决方案，为后期制作工作室创造了更加灵活的功能，使其能够自由混合Mac与Windows这两种不同的版本，且能与 Avid Symphony TM后期制作系统进行有机整合，为其提供HD支持、实时编辑多个镜头以及Total Conform等多种功能。

（五）DaVinci Resolve

DaVinci Resolve 是一款先进的调色工具和专业多轨道剪辑功能合二为一的软件，功能十分强大，只需要一个系统便能完成剪辑、调色、后期及交付等工作，有着可扩展的特性，并具备分辨率无关性。因此无论在现场、狭小工作室，还是大型好莱坞制作流程中都能适用。DaVinci Resolve还具备繁多的创意工具、强大兼容性、超快速度，以及一流的画质，可以掌控整体流程。

DaVinci Resolve 16，这一次大规模软件升级添加了革命性的快编页面，能帮助剪辑师在紧迫的时间内出色高效地完成工作任务。此外，还包括了几十项针对专业剪辑师、调色师、视觉特效师以及音响工程师的最新功能。例如：修剪界面，可查看编辑点两侧的细节；智能剪辑模式，可自动同步片段和剪辑，以及根据片段长度调整时间线查看播放速度等强大功能。

（六）Final Cut

如图9-5所示，Final Cut 作为Mac OS平台上最出色的视频剪辑软件，其为原生64位软件，以Cocoa编写为基础，可支持多路及多核心的处理器、GPU加速以及后台渲染等，还能编辑各种分辨率的视频，无论是标清，还是4K，ColorSync管理的色彩流水线都可以确保全片色彩的一致性。另外，该软件的另一大创新在于其能够自动分析所导入的内容，系统可以在用户编辑期间，在后台自动分析素材，按照媒体的属性、摄像机的数据、镜头的类型以及画面中涉及的任务总数实现分类整理。该软件的功能特点包括：第一，有效地发挥了Mac中GPU的作用，进一步实现了无法被超越的实时播放及后台快速渲染等两大功能。第二，64位架构实现了系统内存的高效利用，使其能够处理内存更大的项目，制作出效果更为丰富的视频作品。第三，原生处理格式较多，比如ProRes、RED、XAVC、AVCHD以及来自于DSLR的H.264等。第四，从背景庞大的生态系统中选用能够自定义的第三方 FxPlug 插件。第五，在导入片源期间会对角色进行分配，比如对白、效果、音乐以及自定义选项，以此来方便后期的跟踪与整理。第六，导入、编辑并完成标准颜色的空间视频，或者宽色域 Rec. 2020 的视频。

图9-5 Final Cut软件界面

在当今多媒体繁荣的状态下，剪辑软件无论是类型还是功能，都不胜枚举，以上介绍的只是其中常见的几种，只要选择出适合自己使用的，并能达到剪辑目的的软件，就是最佳的、最好的。

第四节 剪辑技巧及方法

之所以对片源进行剪辑处理，旨在确保人物特点的鲜明性、故事内容的连贯性、时空关系的合理性及节奏把握的准确性，所以有必要学习并掌握部分剪辑技巧及方法。

一、剪辑的技巧

（一）静态镜头的剪辑

在对静态镜头进行剪辑处理时，必须注意镜头的长度是否一致，以及主体朝向之间存在的差异。镜头长度一致是指每个镜头都能做到在时间长度一样，以该方式剪辑的镜头节奏感更强。鉴于画面中的主体是静态的，因此连续镜头中其朝向也应该有所差异。换言之，即若第一个镜头中的主体朝向是左，那么第二个镜头则朝前，第三个镜头朝右前方，第四个镜头朝右。比如影片《丹麦交响曲》中，应该呈现出其中互相衔接的镜头主体朝向差异，若朝向相同，那么剪接点就会产生较为明显的跳感，反之，则会产生跳轴[1]的感觉，见视频9-7。因此，主体的方向既不可保持一致，也不可完全，而应存在一定的差异。

视频9-7
（丹麦交响曲）

（二）运动状态的剪辑

在对运动状态进行剪辑时，必须注重一致性。这是因为在很多影视作品中，镜头里的对象都在不断移动。所以在剪辑这组镜头的时候，一定要注意其运动速度是否保持一

---

[1] 拍摄运动物体时，运动物体和运动方向之间形成一条虚拟的直线，称之为轴线。摄像机机位只能处于轴线的一侧，如果越过轴线拍摄，会造成画面逻辑的混乱，就是所说的跳轴或越轴。

致，以及其运动方向所发生的变化。电影、电视剧以及文学作品均有一定的共同点，尽管画面中的主体不尽相同，彼此之间既没有所谓的时间顺序，也不存在因果关系，但将其拼接在一起就好比一首诗、一支歌，一幅画，必须从视觉和听觉上形成连贯且流畅的节奏与韵律。电影《变脸》就选用该剪辑方式，其最后呈现出来的效果也相当不错。

（三）用主观镜头剪辑

主观镜头指的是能够说明剧中角色所思所想的镜头，通常用于体现影片中的各种逻辑关系。例如罗伯特·蒙哥马利就在《湖底女人》（Lady in the Lake, 1946）中将这种剪辑方式运用到欲罢不能的程度。全片几乎都是主角菲利普·马罗的视线，观众只有在他看镜子的时候才能见到他。该影片的宣传海报上赫然写着几个引人注目的标语："悬疑！超乎寻常！"、"你将被邀请来到金发美女的卧室！你是这件谋杀案的犯罪嫌疑人！"

（四）形状的相似性剪辑

人们的视觉感受对形状较为敏感，因而与形状有关的剪辑将会激发人脑的思维活动，使之处于极为活跃的状态，人们也会因此感到整个画面十分自然、生动。形状相像的物件不断累积叠加，强化了一种形状在人们脑海里的印象，形状即可表意，也可抒情，还可传达视觉上的美感。例如影片《天下无贼》中黎叔手下小叶与胖子两人动手打起来的几场动作戏，恰恰是因其动作具有高度的相似性而营造出一种美感，该处理方式不仅参与了影片内容的论述，也直接触及了观众的内心深处，见视频9-8。

视频9-8
（天下无贼）

（五）设法使一组镜头富于变化的剪辑

若整个画面的内容都是一样的，且朝向也一致，那么在选择镜头进行剪辑的时候，一定要彰显画面的个性化特点，尽可能地让画面有一定的层次性。以选用不同颜色的方式来实现画面色彩的跳跃，利用景别的差异来构成视觉上的远近，丰富画面的层次感，让镜头的衔接更为流畅且自然。比如《丹麦交响曲》，这是一部著名的获奖影片，其中最为精彩的部分当属画面的各种组接，打破了常规的思维模式，给观众呈现出了新的理念与手法，其效果也是非同凡响的，见视频9-7。

（六）通过画面组接形成快节奏剪辑

大多数观众在看到快速剪切的镜头之后都产生了一种感觉，那就是快。什么样的剪辑才可以产生这种快的视觉效果呢？

视频9-9（云水谣）

（1）**紧景别**。尽可能地选用近景或特写等相对紧凑的景别，避免使用全景或远景这样较为松弛的景别。电影《云水谣》作为一部爱情类影片，其中主要内容都是男女主角的感情戏份，而这都离不开演员的表演，所以近景镜头可以充分地体现出演员的动作及细节特点，使得观众能与其进行更为近距离的情感交流，见视频9-9。

（2）**短镜头**。最好控制每个镜头的长度，绝不可过长，不要选用时长为十几秒的镜头。与短镜头相比较而言，长镜头极易给人产生一种故意拖沓的感觉，而短镜头则会给人一种快节奏的感觉。例如《摩登时代》结束部分，也是整部影片的高潮，男主角被关进屋内,性命危急，这不仅提高了男主角水中逃生的危险系数，也为该影片增添了更多戏剧性色彩。多个短镜头不断切换，房门、男主角以及围观人群均在镜头之内，从视觉与心理层面上为观众营造了紧张的氛围，使其产生一种较为刺激的观看体验。搭配短镜头不仅更加吻合剧情的发展与走向，更有效地刺激了观众的大脑皮层，使其产生出一种极强的节奏感，见视频9-9。

（3）**被拍摄的对象存在明显的动作性**。这可在一定程度上深化人们对运动节奏的感受，若画面中的主体是静态不动的，那么观众就很难产生节奏感。该剪辑手法在影片《丹麦交响曲》得到了充分的应用，见视频9-7。

视频9-10（布达佩斯大饭店）

（4）**推镜头**。这是从远到近、从模糊到清晰、从宏观到微观的一种镜头移动方式，其会给人带来一种步步接近、不断深入的紧张感与刺激感。韦斯安德森导演在其制作的很多电影中就采用了推拉镜头的方式，其中堪称经典的是电影《布达佩斯大饭店》，见视频9-10。

视频9-11（角斗士）

（5）**快节拍的音乐效果**。快节奏的音乐会让人情绪高昂、热血澎湃，会不由自主地产生一种紧张与急迫的感觉，让人更为直接地体会到快的感觉。《角斗士》这部影片就获得了最佳音响效果奖，其中添加的音乐效果十分震撼，见视频9-11。

（七）运动镜头与运动镜头连续组接剪辑

视频9-12（角斗士）

运动镜头之间的衔接仅需保留第一个镜头的起幅与最后一个镜头的落幅即可。因此，在选用镜头的时候，要尽可能地选择运动速度相对接近的镜头进行衔接，确保整体运动节奏一致，让整段影片看起来更为流畅。电影《角斗士》中有一场角斗戏，为了体现出打斗的激烈程度，剪辑人员就是以该剪辑原则为基础加快了影片的节奏，见视频9-12。

（八）画面内主体运动的固定镜头连续组接

若画面内主体是处于运动状态的，但拍摄时选用了固定镜头。那么在组接该类镜头的过程中，应该将其中精彩的动作瞬间截取下来，或者选用较为完整的动作过程进行衔接。例如拍摄一组竞技体育的镜头时，将会结合百米起跑、游泳入水、足球射门、滑雪腾空以及跳高跨杆这五大固定镜头。这是由于精彩的瞬间往往会让观众产生一种强烈的画面感及节奏感，且这些组接的镜头长度都不一样。

（九）通过画面组接形成慢节奏剪辑效果

（1）**被摄对象相对隐蔽的动感**。考虑到动作有快慢之分，快动作容易让人感受到快节奏，而慢动作则会让人感受到慢节奏。慢动作与相对隐蔽的动感显然会让人更加平和。比如《丹麦交响曲》中，在表现建筑物和自然的关系时，就应用了这一原理，使观众从内心深处感受到一种平静与舒缓，见视频9-7。

（2）**长镜头**。可适当演唱每个镜头的拍摄长度，因为长镜头更能让人体会到舒缓与放松的感觉。比如电影《大事件》就不同于常见的枪战戏，其主要采用长镜头来反映出动作的激烈程度，注重视觉与听觉所产生的效果，可以说是长镜头应用的精品之作，见视频9-13。

视频9-13
（大事件）

（3）**拉镜头**。镜头的拉伸可营造出一种远离感与松弛感，比如在张艺谋导演的《英雄》这部影片中，就使用了拉镜头这种手法，着力突显人物的松弛感和远离感，见视频9-14。

视频9-14
（英雄）

（4）**远景别**。所选用的镜头尽量是全景、远景，这类镜头显得空旷、松弛。 例如，影片《大事件》中开场的一段远景别，就很好地展现了从事件开始发生时现场所有的场景，见视频9-13。

（5）**慢节奏的音乐与音响**。不同于快节奏的音乐音响，慢节奏的音乐音响能让人在不知不觉中放松身心，能够以更加平和的心态去体会生活、享受生活、思考生活。比如影片《勇敢的心》就应用了苏格兰的民族器乐，有效地引起了人们内心的感情波澜，那一段段优美动听的音乐比作品本身更能打动人，让人情不自禁地向往苏格兰，见视频9-15。

视频9-15
（勇敢的心）

二、剪辑的方法

（一）切入切出

在制作影视作品中，使用频率最高的一种剪辑方法就是切入切出，指的是不添加任何技巧地将上一个镜头直接切换到下一个镜头，中间不做任何停留，也因此被称为切。比如《2001太空漫游》这部影片中，就有一个十分经典的贴合转场：在一只猿发现了骨头可以用作武器和工具之后，他先是一头扎进空中，然而骨头在空气中旋转，慢慢变成一个外形极为相似但明显更加先进的工具——轨道卫星。

（二）淡出淡入

淡出淡入，也被称为渐隐渐显。该剪辑方法在应用过程中，整个画面会慢慢变暗，直至最后彻底消失，这种方法即所谓的淡出或渐隐。反之，当画面慢慢由暗转亮，最后彻底清晰，该镜头被称为淡入或渐显。电影《刺客聂隐娘》中，聂隐娘从白色的轻纱后走出的段落就采用了这种剪辑方式，见视频9-16。

视频9-16
（刺客聂隐娘）

（三）划入划出

划入划出是影视制作中转换镜头的一种技巧。即可用一条清晰的直线，也可用一条波浪线从画面的边缘或直、或横、或斜地抹去整个画面，这就是划出。而将其代入下一个画面，则称为划入。《霸王别姬》中有一段出殡的镜头就使用了的划入划出的手法，见视频9-17。

视频9-17
（霸王别姬）

（四）化出化入

化出化入与划入划出类似，皆为镜头的转换技巧。指的是在一个画面慢慢化出的时候，另一个画面也慢慢化入。该技巧通常用于两个前后紧密联系的场景，给人一种慢慢过渡的感觉。电影《夏洛特烦恼》就充分地使用了这一转换理念，见视频9-18。

视频9-18
（夏洛特烦恼）

（五）叠印

该术语指的是两个或三个画面叠加在一起形成的画面。常用于表现剧中人物的梦境、会议、想象等。1898年法国电影导演乔治·梅里爱最早在影片《多头人》

（*L' Homme de têtes*）中采用了叠印技术，在黑背景上进行三重叠画，见视频9-19。

视频9-19（L'Homme de têtes）

总之，掌握剪辑的技巧和方法，就是掌握了短视频跳动的脉律。若能灵活运用剪辑方法及相关技巧，那么最后的成品效果必定极佳，甚至可以成为百品不厌的经典。

第十章

短视频的输出与推广

当一部精心制作的短视频或微电影，在经历了前期的严谨的设计，中期艰辛的拍摄，后期反复的推敲……等等之后，它需要被更多的人看到。得以顺利输出以及在合适的平台上宣传推广，才是这部饱含心血的短视频作品最完整和圆满的生命之路。

第一节　短视频的输出与上传

对于短视频的输出与上传，绝不能够按照传统的视频输出与上传一概而论，需要根据视频的实际制作内容与选择的播放平台来确定视频的输出格式。

一、短视频的输出

以常用的Adobe Premiere视频编辑软件为例，如图10-1所示，当短视频完成编辑后，就可以将文件导出。在导出设置中，将格式编码设置为H.264，“预置”中设为“匹配源”，然后再选择自己文件的输出路径和文件名称即可。若有其他特殊要求，也可以按照要求进行相应的选择。

当基本完成短视频的编辑制作流程，导出成片时要注意的是，上传至不同视频平台的视频文件，在视频格式、文件大小、视频水印等视频数据方面有不同的限制。为了能够更方便顺利地完成符合要求的视频，可以利用格式工厂、会声会影、魔影工厂等相关的便捷视频编辑软件，进行数据的调整。

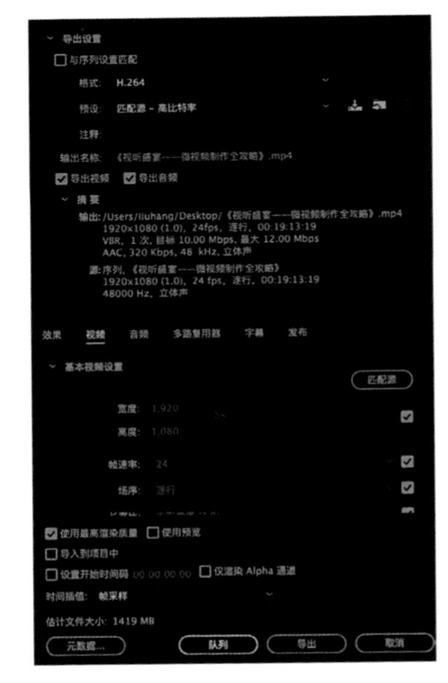

图10-1 Adobe Premiere导出示例

二、短视频的上传

因不同平台的上传要求，最后完成的短视频可以进行个人（自媒体账号）的上传与分享。以传统平台为例：优酷、腾讯视频、爱奇艺、搜狐视频……这些较为稳定的传统视频网站，不仅能够为短视频带来广泛的影响和视频曝光，同时优质的、可持续运行或开发的视频也许还会遇到伯乐。

这类传统的视频平台在上传时，不要忽视文字说明的编辑（视频名称、视频简介、视频分类），同时需要耐心等待审核，审核通过后就可以搜索到自己上传的短视频了。上传成功的视频复制链接可以放在微信公众号内进行宣传推广，会赢得更多的浏览量和点击率，聆听更多人的评价。

第二节　短视频流量变现的技巧

在碎片化的阅读时代，短视频对于创作的入门要求低，可以说人人具备投稿条件，同时因吸引的人员极为广泛，具有较强的互动性与社交性。从某一方面而言，它改变了传统的互动模式，即利用图文获得有效信息以及互动的方式，让人们能够通过这一媒介了解最新的内容并进行信息分享，因此吸引了无数流量。

一、短视频流量变现

短视频流量变现是指将短视频的流量通过某些手段实现现金收益的过程。要实现短视频流量变现最重要的前提就是要有足够的流量，短视频流量指的是短视频的访问量，是用来描述访问一个短视频的用户数量以及用户所浏览的视频数量等指标，常用的统计指标包括网站的独立用户数量UV、总用户数量（含重复访问者）、页面浏览数量PV、每个用户的页面浏览数量、用户在网站的平均停留时间等。除了具备较高的流量外，最为关键的便是将其进行变现，而流量变现的成果取决于流量的多少与变现的方式，其流量的多少则取决于推广的效果与用户黏性。

二、短视频流量变现的技法与技巧

（一）渠道分成

渠道分成其实是视频收入的一个很直接的方式，像头条过了新手期就可以得到平台分成。

（二）广告合作

1. 冠名广告

即在节目前加上赞助商、广告主名帮助其推广品牌的广告形式。像我们在看一些综艺节目很多时候，节目开始之前或者主持人会介绍本节目由××冠名播出，这类的广告一般金额会比较大。

2. 贴片广告

贴片广告是利用短视频等平台传播加以制作的一种夹带广告，多出现于视频的开头或是结尾部分，其优势在于投入成本低、到达率高，但相对应的缺陷也极为明显，那便是收入低下，同时会给用户带来不太好的观感体验。

3. 植入广告

植入式广告指的是在短视频中放置某个品牌的商品，这种方式可以让用户在悄无声息中眼熟或记住这一商品，例如在papi酱在说自己玩王者荣耀的时候就顺便为vivo手机做了一个广告，这种植入广告分成也是可观的。这种广告不像前两种广告那么生硬，自然而然嵌入视频内容中，用户接受度相对较高。

（三）电商变现

电商变现是通过发布短视频，为一些店铺导量实现销售，作品作者从中取得一部分盈利。这些店铺可以是自营电商，也可以是以淘宝客变现形式。

1. 自营电商

自营电商一般都会根据自身条件建立一个既能实现内部诉求又能满足用户购买需求的标准，用以管理、销售产品，并利用各类品牌作为基础彰显自身品牌的实用性与保障性，进一步将电商包装成更富有价值的品牌，就好比一条建立的“一条生活馆”，也就是为用户提供交易渠道，让他们能够通过这一渠道得到服务体验并进行消费。自营电商的优点就是针对自身的客户准确提供产品，能够在一定程度上提高盈利率。

2. 淘宝客变现

淘宝客这一变现渠道主要是按照成交量进行计费的，具体流程是先在其推广区域找到商品代码，然后再将这一链接分享到个人网站或是微博、贴吧等平台，一旦有用户根据这些链接进入到淘宝并完成消费后便可以收到由商品卖家所提供的酬劳。可以说这种变现方式较为简单，非常适合小团队以及网红。

（四）IP形象打造

把某一经典形象打造为IP，就像“蔓蔓老师”，其自身已经具备一定的观众流量，因此能够发散一定的明星效应。《万万没想到》通过人物王大锤的遭遇也会反思自己不可能比他更惨了，笑过之后，现实中的伤痛也被治愈了，成功地塑造了一个IP形象，收获众多粉丝。成功的ip打造能够为将来铺垫更多变现渠道，比方这些ip开直播，自身已经有一定的粉丝拥护者，这样在直播时能够得到更多的赞赏，也方便推广自己的产品。也可以创造出一些周边品，在开展活动时进行销售以得到额外的经济收益。

（五）知识付费

高质量作品出现后能够转换成服务以及产品。比如“逻辑思维”“得到”这些App，里面有很多专栏，用户可以进行付费订阅。逻辑思维开的微店，做精品类图文电商，把自己的知识写成书，进行售卖；去其他地方做讲师，得到一定邀请费。前段时间出现在钛媒体我造社区的“问视”就是把短视频和知识付费结合在一起，通过短视频的形式让用户解答自己专业领域内的问题，从而通过自己的知识得到变现，实现知识的附加价值。

（六）其他变现的技法与技巧

1. 版权变现

指通过对有版权的内容进行他人授权而获得相关收益。就像一些畅销的小说，把自己的版权授权甚至转让，别人可以用来拍电影、拍电视剧。就较为成熟的创造团队来讲，如果作者本身具备比较高的知名度，则可以更好地实现版权盈利。

2. 媒体影响力变现

可以选择在粉丝平台，帮助其他IP内容进行外宣。入驻方式有多重，比方说微博的微任务与其公众平台的流量主，此外还有第三方营销平台，例如：微播易、领库等，利用自身的影响力帮助其他IP甚至广告主进行宣传。

短视频的影响力可以进行数据化的衡量，一般可以从两个角度进行展示，一个是“播放量”（需要评估在某一个渠道或者全网的播放量情况），另一个就是“粉丝数”。

3. 培训变现

拿“大号”二更来说，它的二更学院在四月份开课，吸引了很多学员去参加，迎合了很多影视机构想要参与内容生产但又无法掌握短视频制作规律的需求，他制作了课程体系，让大家进行实操训练。

4. 教育变现

提到教育变现就不得不说到近几年比较火的考研老师张雪峰。他在此领域不断探索，慢慢摸索出广大考生比较感兴趣的元素，越来越多的人喜欢上了他的讲课风格，在留电话后经常得到频繁反馈。此后也出版了关于考研的书籍，甚至参加了综艺《火星情报局》，利用考研教育实现了变现。对于一些做知识类方向的短视频，比如美妆类，服装搭配类，瘦身健身等，这类短视频以后可以根据自己的粉丝数量，或者团队影响力，出相关的书籍进行售卖，这样也是一种变现方式。

5. 周边衍生品

同道大叔通过自身成熟的绘画技巧和出创新思维，于2014年7月在微博平台投稿，内容是关于星座的吐槽漫画，并由此而爆红。不但出版了相关书籍，还创造出十二个可爱的卡通形象，一度成为炙手可热的卖点，由此而知，周边产品也是一份高额的创作回报。而这些也是跟上述的ip打造脱不开关系的，因为一个IP的出现，他会带动周边一系列的产物火起来，就像这位作者推出的星座玩偶同样适用于视频创作团体。

6. 众筹合作

所谓众筹即指大众、集体筹资，通过募集群众投资得到资金，从而为个体或者集体的创作行为进行补给。比如你想做一个美食类的节目，可能自己的创意或者想法可能已经受到局限，甚至你不会做饭，但是喜爱美食想做美食类节目，这样的话，你可以尝试和一些美食店合作，把他们做的东西拍成视频进行传播，采用众筹的模式，给予他们一些特权。就像《十万个冷笑话》大电影的制作，就是结合了众筹概念，通过网络众筹项目，筹集超过137万元投资。《十万个冷笑话》原作的线上点击量已经达到15亿，而动画播放量也超过了17亿，其观众规模已经非常庞大。

7. 渠道鼓励政策

在头条平台获得原创标签的投稿作品，即有资格得到观众的打赏，并借助浏览量得到一定的附加收益。比方参与该平台的千人万元计划，能够帮助一千或者更多作者的达到至少每月一万的收入。而大鱼号更是推出了升级活动，每月可以帮助两千位作者获取丰厚的收益。

8. 打赏变现

如果自己的短视频趣味性十足，吸引了很多观众并得到广泛好评，将该作品发布在微博平台，微博上面有打赏的功能，可能其他人觉得你的视频很有趣，很欣赏，或者你提供的东西很有价值，那么大家可能就会给你打赏，进行变现。

短视频流量变现，除了上述介绍的技法与技巧之外，可以利用你的资源去拍网络大电影，进行投放。如果内容做得非常优秀，并且宣传推广做得好的话，变现自然而然就会实现的；再者还可以做流量联盟，通过互相交换流量，来提高人气和访问量。最后关于变现还有一种更简单粗暴和直接的方式，那就是可以去找融资，找到投资方，为你的创意买单，实现变现。前提是团队已经有能力制作出不错的短视频了，才能被投资人看重。

第三节 短视频及电影节短片奖项介绍

鉴于短视频的独特魅力和极高的大众参与性，以及鼓励更多的年轻人投入到优质短视频的学习创作的整体氛围，国内外纷纷兴起了许多短视频、微电影、短片的专业性比赛以及专业的分享交流平台。

本节为大家收集梳理了较有代表性的、与时俱进、持续举办的全国性微电影赛事，以及世界主要电影节（奖）设置短片竞赛评选的概况。

一、我国主要短视频节（奖）介绍

1. 中国微电影网站

中国微电影网站（www.vfilm.china.com.cn），作为专业规范的短视频交流平台，从网站栏目“频道”“短片”“专区”“活动”“剧本”的划分，到短视频内容按“类型”“时长”等方式划分，不仅仅成为短视频创作者交流的平台，更有志于打造更为全面的短视频资讯信息平台，各地与短视频相关的赛事活动，都可以在上面查找。

图10-2 中国微电影网站 网页截图

2. 中国大学生微电影创作大赛

中国大学生微电影创作大赛是由共青团中央学校部、中央新影集团、中国传媒大学主办，面向全国高校大学生的影像创作赛事。大赛致力于挖掘并扶持优秀的影像创作青年人才，提升他们的整体水平，以期为微电影的创作注入源源不断的活力，带动微电影整个行业的快速、健康发展。

中国大学生微电影创作大赛每年举办一届，面向全国高校，要求主创团队中有在校大学生。大赛分为报名、剧本初选、剧本终选、扶持创作拍摄、验收、评审、颁奖典礼，7个阶段。

具体报名及每届相关信息可登录其官网（www.cnsmfc.com）查看。

图10-3 中国大学生微电影创作大赛网站 网页截图

3. 中国国际微电影节

截至2018年，中国国际微电影节已成功举行7届。该电影节由中国文化产业发展研究中心、中国影视艺术协会、中国国际微电影有限公司等单位主办。中国国际微电影节是目前国内开展最早、影响力最大、参与人群最多、辐射范围最广的，针对微电影征集、创作、投资、传播的微电影赛事之一。该微电影节立足于中国首都北京，为全球华人电影爱好者搭建一个前期创意创作、中期投资拍摄、后期展示传播的产业链式交互平台。

随着中国国际微单影节的深入开展，连续7年以来形成了完善的赛事体系。主要固

图10-4 中国国际微电影节网站 网页截图

定奖项有“金羽翼最佳影片奖”“银羽翼评委会大奖”“铜羽翼最佳传播奖”，以及“最佳导演奖”“最佳男主角奖”“最佳女主角奖”。

主竞赛单元“金羽翼奖”旨在面向全社会挖掘和培养有责任感、有使命感的电影新人、新作，集中展现有价值、有力度的高水平作品。进一步丰富微电影这一新媒体艺术形式，同时从思想性、传播性、娱乐性等方面建立微电影新标准。“最自由地表达”是金羽翼奖的核心诉求，微电影作为一种新的艺术传播形式，不受任何条条框框的束缚。每个有光影梦想的创作者，都可以用镜头自由地表达这个世界。让思想者思想，呐喊者呐喊，行动者行动，用羽翼追求梦想，用梦想改变世界。大赛的LOGO——“天使之翼”（图10-5）寓意每个人都有属于自己的梦想，或大或小，或朦胧或清晰，但当用希望用信念将其点燃，再小的梦想，都会长出绚烂的双翼，展翅高飞。

图10-5 中国国际微电影节-金羽翼奖大赛LOGO

具体报名及每届相关信息可登录其官网（www.cimff.com）查看。

4. 亚洲微电影艺术节

亚洲微电影艺术节由中国电视艺术家协会、中央新影集团、云南省文化厅、云南省广播电视局、中共临沧市委市政府联合主办；中国电视艺术家协会短视频（微电影）专业委员会、中央新影国际微电影频道联盟、中共云南省临沧市委宣传部、临沧市文化体育局、临沧市广播电视局、临沧传媒集团有限责任公司承办，自2013年起每年举办一届。

因亚洲微电影艺术节选择在临沧市举办，其境内坐拥中国独具特色的珍稀植物——长翅秋海棠，故设立“金海棠奖”为亚洲微电影艺术节最高奖项。云南省临沧市作为亚洲微电影艺术节暨亚洲微电影“金海棠奖”的永久主办地，通过建设亚洲微电影影院、亚洲微电影博物馆、亚洲微电视庄园、亚洲微电影主题公园、微电影学院、亚洲微电影纪念林等，把临沧市打造为亚洲微电影之城。

此大赛暂无固定官网，具体报名及每届相关信息可登录网站搜索查询。

图10-6 第三届亚洲微电影艺术节宣传页网页截图

5. 中国（杭州）国际微电影展

中国（杭州）国际微电影展依托中国微电影产业快速发展和微电影产业全球化的趋势，围绕评奖、特别活动、论坛、展映四大主体活动，构建中外电影业界交流平台，其形式和内容丰富多彩。

从2013年起，在杭州举办的中国（杭州）国际微电影展，展现了其广泛的业界号召力和国际影响力，为世界多元微电影文化的推广、交流及微电影产业的发展，起到了积极的引领作用和示范效应。截至2018年，中国国际微电影展已成功举办5届。

“金桂花奖”是此展的最大奖项。以2018年第六届中国国际微电影展为例，设置了最佳影片、评委会大奖、最佳导演、最佳男演员、最佳女演员、最佳编剧、最佳摄影、最佳剪辑、最佳动画微电影、最佳纪录微电影，10个奖项。

此大赛暂无固定官网，具体报名及每届相关信息可登录网站搜索查询。

图10-7 首届中国（杭州）国际微电影展 宣传海报

6. 北京国际微电影节

北京国际微电影节，是国内当前新媒体互联网影视领域内专业、权威和有关注度微电影节品牌。在国家新闻出版广电总局、中央网信办、共青团中央、北京市委宣传部等国家部门的领导下，由中国电影艺术研究中心、中国电影报社等深度参与合作，依托腾讯视频强大资源，由光年时代（北京）文化传媒有限公司组织运营的大型活动赛事。

自2011年起至今已连续成功举办5届,并与北美、欧洲、日韩等10余个国家地区开展交流互动，为微电影挖掘和培养了大批人才。

图10-8 第四届北京国际微电影节宣传网页 网页截图

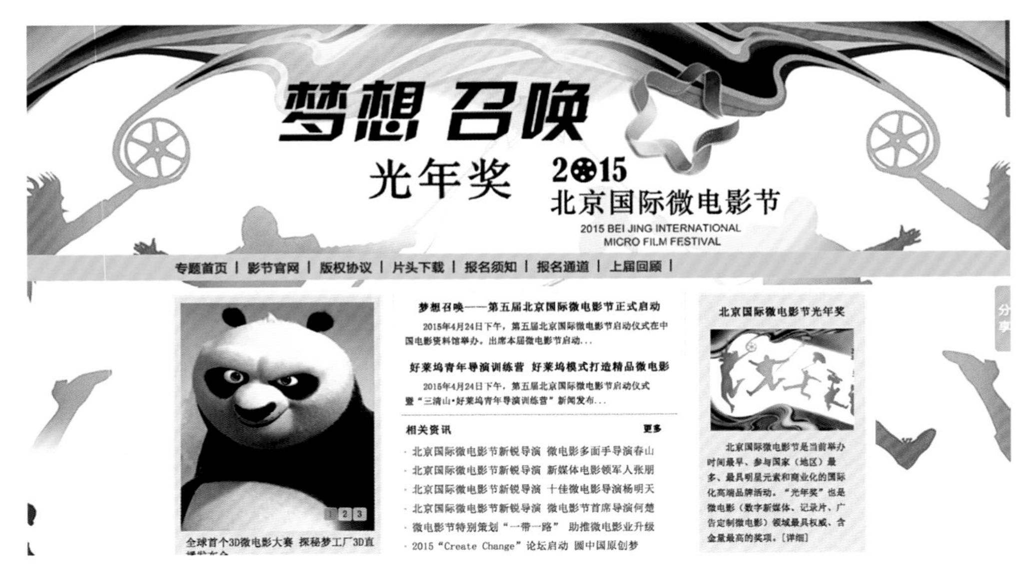

图10-9 第五届北京国际微电影节宣传网页 网页截图

北京国际微电影节最高奖项为“光年奖”，奖项设置为最佳影片奖、评委会大奖、最佳导演奖、最佳男主角、最佳女主角、最佳编剧奖、最佳传播奖、最佳原创音乐奖。“光年奖”其寓意为梦想、自由、博大。即创作者借助微电影这一形式，可以表现最根本的东西，勇敢地追求梦想、追求自由，因为微小，更能彰显博大之精神。组委会秉着严谨、开放的态度，将最具创造力、表现力、最具人文情怀的优秀作品或个人进行表彰和鼓励。

此大赛暂无固定官网，具体报名及每届相关信息可登录网站搜索查询。

7. 北京大学生电影节大学生原创影片大赛

北京大学生电影节大学生原创影片大赛是北京大学生电影节的重要竞赛单元。它创办于2000年，旨在充分激发广大学子的创造力，是发掘、培养影视新秀的摇篮。青年导演宁浩、韩杰等均参加过此项赛事，著名导演冯小刚、贾樟柯也曾担任过大赛的评委。截至2018年，它已经成功举办十八届，每年的征片量在4000部左右，广受海内外大学生及影视界瞩目，并成为华语地区历史最久、影片征集数量最多、影响最大的学生影像作品赛事。

赛事面向（含港、澳、台地区）高校大学生（含在华留学生）以及海外各高校学生征集参赛作品，届时数千余部参赛作品将由来自全国高校的百余名大学生评委进行初评，数十位影视学者和业界专家进行终评，评选出最佳剧情片、最佳导演、最佳编剧、最佳摄影、最佳剪辑、最佳男主角、最佳女主角、最佳动画短片、最佳纪录片、最佳实

图10-10 北京大学生电影节官网 网页截图

验短片等四十多个奖项。大学生原创影片大赛与IMAX公司、世界自然基金会（WWF）、56网、腾讯、凤凰卫视、KENZO、MOFILM、上海温度电影公司等进行过合作，汤唯、薛晓路等明星曾担任这些合作单元的形象大使。通过商业合作单元，为青年导演提供拍摄资金，让他们走上影视创作之路。

具体报名及每届相关信息可登录其官网（www.bcsff.cn）查看。

图10-11 北京大学生电影节大学生原创影片大赛页面 网页截图

8. 上海国际电影电视节相关短片奖

上海国际电影电视节是中国第一个获国际电影制片人协会认可的全球15国际A类电影节之一，1993年首次举办。电影节于每年6月上旬举行，为中国唯一的国际A类电影节，最高奖名称为“金爵奖”。

值得一提的是，上海国际电影电视节尤其注重短片的发展。自2010年开始，上海国际电影节增加了手机电影节短片大赛。第十四届的上海国际电影节举办了全球第一个手机电影节。手机电影节短片大赛设置了10大奖项：最佳影片、最佳导演、最佳演员、最佳编剧、最佳公益短片、最佳喜剧片、最佳悬疑片、最佳动画片、最佳纪录片、观众大奖。

通过短片这个影像载体，为电影产业的持续发展孵化、发现新人，拓展发行渠道，探索新媒体领域中的新疆域。手机电影节借助上海国际电影节大平台为优秀作品的参赛选手，提供近距离接触专业电影领域，开始电影梦想的绝佳机缘。手机电影节更是在2010年结合电影艺术与新媒体技术的全新尝试。它将以手机网络为传播渠道、以手机终端为观看平台，为电影短片提供一个新的媒体传播介质，让手机电影成为大众瞩目的热点。

同时，2006年举办的第九届上海国际电影电视节，创始了国际学生短片评展，于2011年并入手机电影节单元。经过多年发展，上海国际电影节这一赛事活动，现已

图10-12 上海国际电影电视节官网 网页截图

成为世界各地大学生，尤其是电影专业学生一个展示先锋创意和独特影像风格的重要国际平台。至2018年，第21届上海电影节的“金爵奖”主竞赛单元中含有国际短片单元。

具体报名及每届相关信息可登录其官网（www.siff.com）查看。

二、世界主要电影节（奖）短片奖介绍

1. 奥斯卡最佳动画短片奖

奥斯卡动画短片奖（Academy Award for Animated Short Film）是美国电影艺术与科学学院奥斯卡颁奖典礼的一部分，自第五届（1932年）开始至今，每年一次。此类别在1932年至1970年间主题为“短片、卡通”，1971年至1973年间为“短片、动画电影”。1952年之前，只有美国影片被提名。

早期的动画并没有借助电脑技术，现在意义的动画短片是从1974年开始的。早期的动画短片一般使用木偶、黏土模型等道具拍摄，每个场景要拍摄很多帧，因此拍摄耗费的时间可能比其他影片都长。除了动画短片外，诸多真人故事短片也成为奥斯卡记忆中的经典。

具体信息可登录其官网（www.oscar.go.com/www.oscars.org）查看。

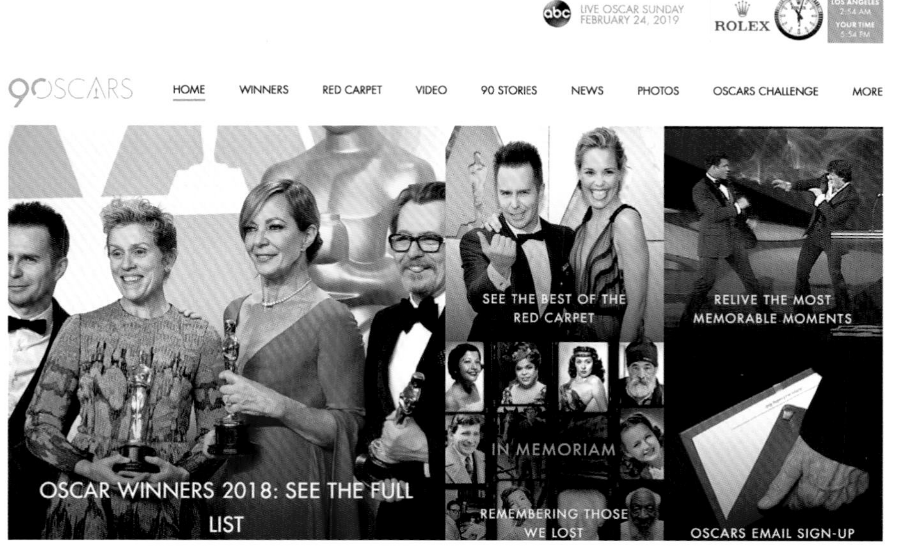

图10-13 第九十届奥斯卡奖官网 网页截图

图10-14 奥斯卡部分最佳短片海报

2. 戛纳国际电影节短片金棕榈奖与电影基石奖

戛纳国际电影节创立于1946年，是当今世界最具影响力、最顶尖的国际电影节。它和威尼斯国际电影节、柏林国际电影节并称欧洲三大国际电影节，也称世界三大国际电影节。

戛纳国际电影节每年定在五月中旬举办，为期12天左右，通常于星期三开幕、隔周星期天闭幕。官方正式单元有："正式竞赛长片（主竞赛单元）""正式观摩长片（非竞赛展映单元）""一种特别关注单元""正式竞赛短片""电影基金会""短片角落"。

戛纳"短片单元"是戛纳官方正式竞赛单元之一，而"电影基石"是1998年由主席吉尔·雅各布创立的学生作品单元。

图10-15 戛纳电影节官网 网页截图

短片金棕榈奖，是由“电影基石”单元评审团针对入围“短片单元”的数十部作品评出，这些作品的长度通常都在20分钟以下。

电影基石奖，是评审团将评出“电影基石”单元的一、二、三等奖，而获奖者几乎都能保证其之后的第一部故事长片能够参展戛纳电影节。每年从来自世界各地电影高校的报名的两千多部短片和众片中挑选出参赛作品，旨在发现和提携新的血液。

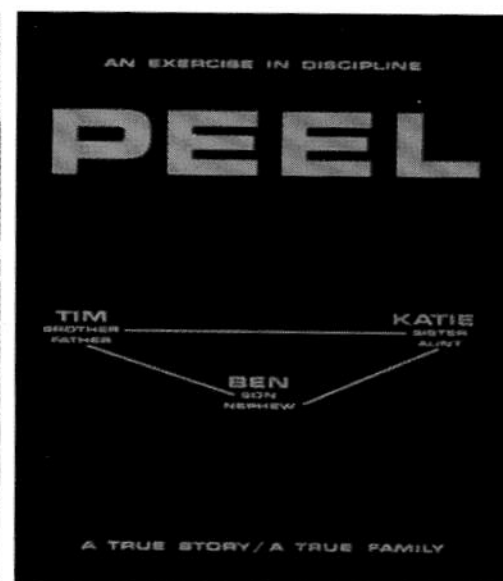

图10-16　戛纳国际电影节部分最佳短片海报

具体信息可登录其官网（www.festival-cannes.com）查看。

3. 威尼斯国际电影节相关短片奖

1932年创办，世界上历史最悠久的、第一个国际电影节，号称“国际电影节之父”的威尼斯国际电影节每年8月至9月在意大利举办。它聚焦于各国的电影实验者，鼓励他们拍摄形式新颖、手法独特的影片，哪怕有一些缺陷，只要是有创新，就能够被电影节所接纳。该电影节的宗旨是“电影为严肃的艺术服务”，每年都提出不同的口号，而评判标准很纯粹：艺术性。在二十世纪六七十年代，威尼斯电影节发掘了一大批新兴的欧洲电影人。尽管它所选择的电影未必是该导演最好的一部作品，但为欧洲电影的发展做着巨大的贡献。

威尼斯电影节的最高奖项“圣马克金狮奖”颁发给最佳电影长篇。而“圣马克银狮奖”有时颁发给角逐金狮奖的影片，有时颁发给最佳处女作电影、最佳短片和最佳导演。

威尼斯国际电影节根据每年不同特点，相关竞赛单元有所调整，关于短片奖项也有所调整，例如最佳短片奖（银狮奖）、最佳欧洲短片奖、短片单元特别注目奖，以及地平线单元最佳短片奖等。

具体信息可登录其官网（www.labiennale.org）查看。

图10-17 威尼斯国际电影节官网 网页截图

4. 柏林国际电影节最佳短片

柏林国际电影节原名为西柏林国际电影节。尽管柏林国际电影节在诞生之时作为冷战的政治性产物，但经过风雨飘摇、一路砥砺而来。自20世纪70年代开始，柏林国际电影节在传统的影片竞赛之外创立了新电影国际论坛。1974年，电影节上出现了第一部苏联影片，一年后，东德影片也加入进来。政治气候发生了变化，西德和东德签署了条约。从此，柏林电影节把自己重新定位为国际电影生产的一面镜子，使电影节在东西方之间的汇合与调停中扮演了更重要的文化和政治角色。

图10-18 柏林国际电影节—金熊奖

1932年女雕像家雷尼·辛特尼斯设计而成柏林熊是柏林国际电影节的标志物。自1951年开始为获奖者颁发的两只抬起手臂向人们致意的金、银熊像，正是在她的原创基础上制作而成并一直沿用到1959年。从1961年开始，原先柏林熊抬起致意的右臂变为左臂，和其他各处那些欢迎来到柏林的大熊

图10-19 柏林国际电影节部分最佳短片海报

塑像一致起来。

柏林国际电影节主要奖项是金熊奖和银熊奖。“金熊奖”授予最佳故事片、短片、纪录片、科教片、美术片等；“银熊奖”授予最佳导演、最佳男演员、最佳女演员、短片评审团奖、最佳剧本、杰出艺术成就奖、最佳电影配乐。

具体信息可登录其官网（www.berlinale.de）查看。

图10-20 柏林国际电影节官网 网页截图

由于相关短视频、微电影的影节、赛事活动非常庞杂，同时每届的变更性和流动性非常大，内容不尽相同。本节内容只是为各位热爱微电影、短视频创作的创作者们提供较为稳定的大致赛事信息，希望拥有鸿鹄之志的你多搜集、勤浏览相关网站及信息，实现自己的微电影梦想！

附录

《未来之眼》短视频制作

本部分以华为P30 Pro发布会中使用P30拍摄的一部短视频作品为例，完整地介绍一部短视频作品从无到有、从前期到制作再到后期，从前期策划到落实于拍摄制作的完整流程。通过对短视频拍摄全流程的了解，可以发现短视频的制作并没有想象中那么遥不可及。

与大型影视作品相同，短视频的制作流程大体也可分为三个完整的阶段。

一、前期

所谓制作的前期，是指当产生了拍摄目的之后筹备拍摄的整段时间，在摄影机开机前一秒都可称之为前期。

在前期构思与筹备当中，主创人员各司其职地完成各自工种的准备工作，以保证拍摄的顺利开展。导演作为整部作品的核心，需要全局把控所有部门的工作进程，与所有其他部门进行沟通，并提出自己的要求，在其他人完成自己的构思后进行沟通，通过会议讨论的形式确定最终的拍摄方案。编剧的主要职责就是根据我们的拍摄目的，构思一个完整的作品构想，并确保其可行性。制片的工作是负责根据剧本的容量、拍摄难度等综合考虑甲方的预算，负责制定一个较为完整的拍摄计划。摄影师会根据剧本，和导演交流想法，寻找一些符合气氛的视觉参考，与制片美术导演一起实地勘景，确认拍摄条件的可行性。在勘景后根据需求制定本次拍摄的器材单。美术师同样也是根据剧本中的场景，完成美术部分的气氛图，同时参与实景的看景工作，如果需要置景拍摄，会制作置景部分的场景图，交代给置景部门完成制作。美术部门同时包含的服装、化妆、道具部门也需要根据剧本的要求提前确定造型的参考并与导演沟通。

《未来之眼》宣传片的前期需要考虑的内容包括：创作目的是在华为旗下最新手机P30发布会上展现新一代机型更强大的摄影功能，所以影片的最终目的就是展现视觉效果。导演基于这个创作点，确定了通过科幻为题材来制作这部短视频的方案，同时确定短片的名字为《未来之眼》，意为镜头在形象上是一只眼睛，借助手机的广角，微距等等特色功能来呈现导演眼中更科技、更光明的“未来影像”。未来感从何而来，依据主题，导演进一步的细化了方案，通过后期加入CG的方式来增加视频的未来感。

至此，短视频拍摄前期的核心思想已经确立，之后就是各个部门根据核心思想，结合自己的经验积累来提出关于这部短视频的构思。笔者作为这部短视频的摄影师，将着重从摄影部门的角度提出有关这部短视频的前期构思。

从展现手机强大的摄影功能出发，结合之前摄影章节中所介绍的摄影要素知识，这部短视频一定要给观众展示：光学——手机长焦，广角，微距，包含全部焦段的能力。光线——暗光条件下手机的拍摄能力。运动——手机大范围的移动延时，在稳定器上的拍摄表现。色彩——手机镜头的色彩解析力，是否能展现出现实中的色彩。

为了实现这些拍摄目标，需要确定一个可以实现这些拍摄条件且具有未来感的拍摄场地。根据笔者的拍摄经验，这两个城市最符合该特征——香港和重庆。城市结构都很复杂错落，且生活气息浓郁，同时香港电影给观众留下很浓重的霓虹感，利于颜色部分的表达。这些独特的结构在保证画面结构丰富的前提下还可以结合导演构思的后期CG合成来体现未来感。最终决定在香港拍摄。

确定了拍摄的地点，下一步要进行的是实地的勘景工作，确定拍摄的可行性。通过网上查询资料和实地勘景的方式（如附图1~附图4所示）制作了勘景后的PPT选景方案，在前期便确定了一些具有内容可行性的拍摄脚本。

旺角夜景街道

附图1

绿色隧道

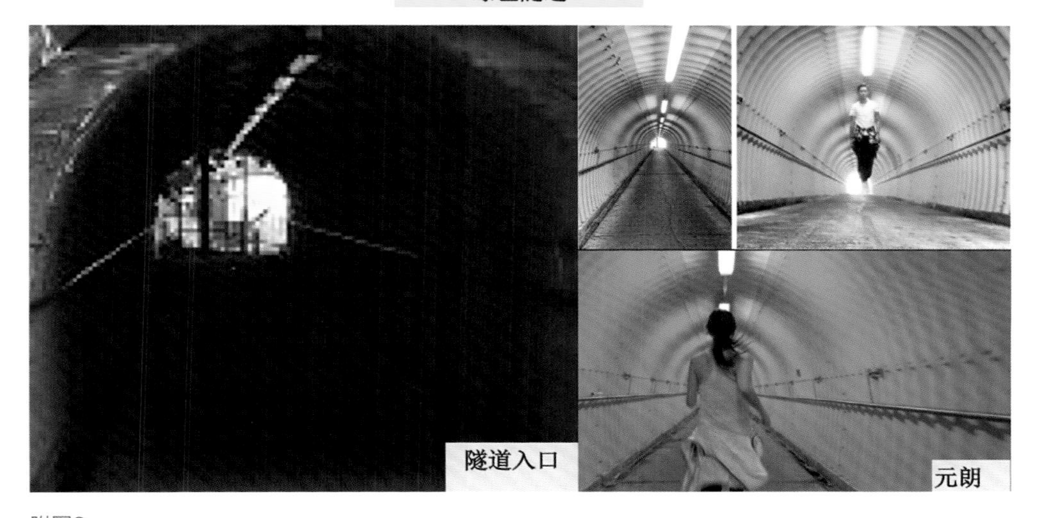

附图2

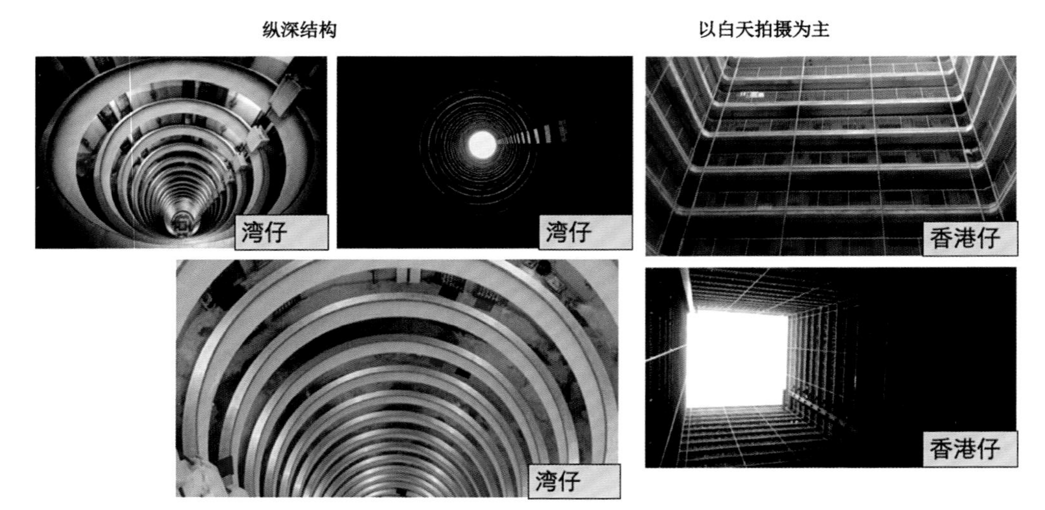

附图3

附图4

完成勘景工作后，由于这次是使用手机拍摄，很多运动方式及镜头的可能性对于摄影师而言，由于缺少了经验判断和成熟的附件保障，不确定性增强，必须经过试拍才能证明拍摄方式的选择是否可行。由于制作周期十分紧张，通过一系列的测试拍摄，笔者对可行的部分进行了保留，对不可行或可行但难度过于大的部分进行舍弃，重新制定了拍摄计划。这次拍摄的器材单十分的简单：一部手机、一个脚架、一个稳定器、两个LED灯棒。除了手机，其他的设备均价只有几百元而已，这些东西所有人都可以在网上买到。

至此，作为摄影师，这部短视频的前期筹备工作基本完成。

二、拍摄

前期充分的准备工作保障了拍摄过程的顺利进行。实拍是短视频制作中最繁忙辛苦的一段时间，需要各个工种现场的工作来完成短视频作品全部素材的拍摄。

在制作过程中，导演依旧是那个把控全局的人物。在短视频拍摄过程中，为了保证工作效率，保证表演的质量，导演不会按照拍摄脚本中镜头的标号顺序拍摄，而是会将机位相似、场景相似的镜头集中到一起拍摄。这样的顺序避免了机位场景等的反复调整，大大提高了工作效率。为了确保素材在后期足够剪辑使用，每个镜头可能会精益求精地拍摄数次以达到导演的要求，有的时候甚至会拍一些脚本里没有的额外镜头。这个步骤就是在影视作品花絮视频中常听导演喊到的“过!”“保一条!”等用语的原意。

美术师在制作中主要是保障现场场景，指挥道具师根据具体拍摄的不同镜头来调整前期选择或制作的场景。录音师负责录制演员的同期声，以及各种音效和环境的空气声，为主要的后期的制作打好基础。摄影师的工作则是各个部分工作的最终呈现——把控画面。按照前期制作的故事板，结合摄影的要素及自己的审美，确定短视频每一个画面的内容形式并与导演沟通，从而确定最终的影像，同时保证画面的美感和叙事的流畅。

附图5~附图8所示的静帧的截图都来自于短视频《未来之眼》的成片，分别展示了手机摄像头的暗光拍摄、超广角镜头、微距等卖点。由于是形象短片，在这部短视频中

附图5

附图6

附图7

基本不涉及讲故事的逻辑，摄影师在保证画面的美感、调度丰富的前提下，还要考虑画面是否完成了这部短视频最根本的目的，展现这部手机的摄影能力。

附图8

在以往广告等其他形式的影视作品创作中，一个比较大规模的摄制组要有场地报批等程序。但这一次在《未来之眼》拍摄的过程中，仅仅拿了手机进行拍摄，在完成既定脚本的同时，在香港街头看到感兴趣的画面就会下车进行拍摄，随机性、随意性非常强。这也是短视频不同于传统影视作品很关键的一点。

以拍摄猫咪的状态这一组镜头为例，在传统的影视作品拍摄中，如果想得到这样的画面，势必要换上一只100毫米的微距镜头，布置好灯光，等一些专业设备准备就绪了再进行拍摄。但这样很可能由于刺眼的灯光、大型的设备的出现以及庞大的剧组人数，导致猫咪受到惊吓完全无法配合拍摄。由于微距镜头的焦平面很薄，猫咪稍有移动可能画面就会虚，拍摄起来十分困难。但当拿起手机拍摄，手机自带的微距镜头可以像在家里给自己的猫咪拍照一样，直接举在它面前拍摄，且画面的质量是有保障的。一个庞大的摄制组和一个手机，对于猫咪的影响一目了然。创作者和被拍摄者之间，最好的一个状态是不被打搅，手机为我们提供了这种可能性，为短视频的制作提供了可能性。每一个拿着手机的人，都可以是导演，是摄影师，是短视频的拍摄者，去记录身边的人和事，每一份美好，每一份温柔。这种体验是以前人们不敢去想象的。

附图9和附图10片为使用手机进行微距拍摄，附图11为使用薄糖果纸作为前景拍摄朦胧光斑的素材画面，附图12为使用稳定器进行移动的拍摄。

附图9

附图10

附图11

附图12

三、后期

后期指在完成短视频的拍摄阶段后，对素材进行处理至其最终成为一部完整的短视频作品的过程。

在后期中，同时存在两个方面的处理，画面和声音。于声音，如果存在剧情，录音师首先要需要根据画面处理人物对话的同期声，甚至是在录音棚中进行对口型补录。很多影视作品的拍摄由于前期声音条件的限制无法进行同期声的录制，比如在横店影视城拍摄的电视剧，由于现场环境过于混乱，只能采取全部对话后期对口形在录音棚里补录的形式。再就是针对画面中出现的各种元素音效以及环境声的处理，如画面中下雨的雷电声，汽车呼啸而过的噪音等，所有画面中看得到看不到的声音元素，录音师都需要在录音棚里去模拟，按比例的混音。最终才是观众听到的身临其境般的声音感受。

于画面，在传统的胶片年代，胶片在拍摄后首先要送到冲印场冲洗，如果需要以电子的形式播放，则还需进行胶转磁的过程，同时在这个过程中进行调色的处理。在现在的数码时代，DIT在拍摄过程中整理拷贝的全部素材，首先要进行的是整理转码和剪辑的处理，这部分工作是由剪辑师结合导演的一些想法来完成的。完成剪辑后，视频将交给调色师，调色师会根据自己的想法，同时结合摄影师和导演的一些现场拍摄时记录下的问题和意见，进行全片的影调处理。调色是影视作品中后期十分重要的一环，在前期拍摄log等格式的目的就是为了素材在后期调色中有更大的处理空间。调色是在大制作的电影中极其重要的一部分，在短视频的制作中，可能会由于预算的限制导致调色步骤的缺失或者简化，把更多的预算用到了器材等其他方面，但实际上好的调色对素材的调整对影调的统一和美化可以强化甚至弥补一些前期的想法和不足。

在短视频《未来之眼》的调色过程中，由于它不是一部在特定背景下讲故事的影片，所以不需要一个类似年代感或大气氛的整体气质，更多的是在追求视觉上的丰富、冲击感。在一些日光条件下的镜头，主要针对天空的大体颜色进行了控制。在一些城市夜景的镜头中，对城市的霓虹感进行了加强，配合特效让画面更符合未来感的主题。在一些微距的静物摄影中，由于前期拍摄中使用了荧光染色的材料使被摄体在黑暗环境中的色光下色彩更加突出，在后期调色中以同样的出发点进行了调整，以突出画面的视觉性。

剪辑在后期部分也是非常重要的环节。在传统叙事为主的影视作品中，剪辑的主要目的是保证故事的叙事逻辑，让大家看到一个完整流畅的故事，同时配合故事的情绪调整画面剪辑的速度等，帮助观众感受故事的情感。而对于非讲故事类型的短视频，如《未来之眼》，视频中的剪辑基本没有内在的逻辑，画面随意性极强地跳跃、闪动，这主要是追求视觉上的冲击感，不论是内容中颜色的冲击还是剪辑上的快节奏跳跃都是为视觉服务的。目前，追求视觉冲击力的短视频也来越多，在抖音平台上有很多这样钻研手机运动方式拍摄的博主。还有一种很火的剪辑方式叫做卡点，即根据音乐的节奏来剪辑视频的内容。这些玩拍摄的现象都在证明，短视频的导向慢慢的从做内容转型为做视觉，让观众觉得这个视频很酷。

酷不仅是剪辑上的跳跃，节奏变化更是来自于短视频的内容本身。这又不得不说拍摄的过程。如一些很炫酷的MV作品，光线造型上运用各种各样的色光、运动方式上运用破“Z”轴让画面旋转等，不同于叙事类作品的运镜方式。在以前，这些都需要通过专业的摄影机、专业的灯光器材、专业的移动设备才能实现，且价格不菲。但是现在，一台手机、几个可变色的LED灯棒、一个手机稳定器就可以实现这些视觉元素。这可能是未来短视频存在的重要形式，通过使用身边一些触手可及的器材、材料拍摄素材，配合刺激视觉感官的剪辑方式，创造出以视觉为主的短视频。

以上内容是短视频制作的基本流程，但并不是一个最为标准的流程。有几个建议供参考：

- 在实际的拍摄中，前期工作一定要准备到位，如绘制分镜、故事板等。只有准备充分，拍摄的过程中遇到突发问题时方可游刃有余地处理。切忌所有内容都在现场随想随拍，这样会造成短视频故事整体性不足。
- 拍摄过程不可过于“恋战”。精益求精的态度是对的，但是对每个镜头都过分追求精益求精，结果可能是无法满足通告的要求按时完成制作，加班加点产生额外的开销。
- 在后期制作中，调色是最容易被忽略的，要把它重视起来，会达到事半功倍的效果。

后记 Postscript

此次写作的主要目的，是希望总结当前环境下短视频制作及传播的基本规律。笔者想用非常简单的顺序式方式来进行务实的研究，并通过这样的方式，为自己的专业教学提供帮助。通过系统的梳理可以让读者从专业的角度来理解当下短视频的影像创作，也可以从非常通俗的语言上感悟对短视频制作的认识。

在今天这个时代看到的所有影片，其实都是在制片人和导演的带领下，由众多部门所组成的制作团队来完成的，我们应该用什么样的方法进行研究，用什么眼光去看待这些制作人员的培养及成长，这至关重要。我们并不认为所有的电影导演都没有缺点，电影也不是十分完美，艺术永远没有绝对完美的时候，所以在技术飞速发展的今天，对于任何的艺术，市场不是唯一的标准，观众也不是唯一的判官，还是在于艺术家在创作过程中对其作品的用心程度。短视频出现并盛行于历史的这个时间阶段，也必然有其存在的合理性和必要性。制作短视频和以往传统电影制作有哪些方法上的相似以及审美意识上的统一，又有哪些是其独具的特点，则是我们所关心的重点。

笔者在本书的写作上保持了一种平和的方法和视点。但是，在总体的研究上，出发点也非常多元和不同，由于个人的素养和学识的差距，加上其他事务性工作的影响，基本都是在晚上来写作完成，在总体上仍然是对应创作教学，注意了书的结构和内容的合理、论述和分析的全面、严谨、清晰、鲜明，尽可能对短视频创作中重要的问题进行梳理。

本书能够顺利编写完成，还要感谢中国传媒大学戏剧影视学院影视摄影与制作专业的刘航、杨健文、狄泽恺、黄霄凡、郭浩然和缑宇同学，感谢你们在书稿的编写过程中给予的支持和帮助。同时，由于资料和学识的限制，本书的编写难免会有一些疏漏，在此，真诚地希望广大读者和有关专家批评指正。

时代和审美在每个历史阶段都在进行着更新和变革，而艺术创作所传承下来的一般性规律也是弥足珍贵的财富，以点及面、触类旁通地去分析和梳理短视频创作的一般规律，希望能给读者以帮助。

编者